U0292622

启发式算法
的
应用研究

范烺 ◎ 著

聚焦**交通领域**复杂问题，提供高效智能**算法**方案

首都经济贸易大学出版社
Capital University of Economics and Business Press
·北京·

图书在版编目（CIP）数据

启发式算法的应用研究 / 范烺著. -- 北京 ： 首都经济贸易大学出版社，2024. 10. -- ISBN 978-7-5638-3777-9

Ⅰ. O242.23

中国国家版本馆 CIP 数据核字第 2024NZ0733 号

启发式算法的应用研究

QIFASHI SUANFA DE YINGYONG YANJIU

范　烺　著

责任编辑	成　奕
封面设计	砚祥志远·激光照排　TEL: 010-65976003
出版发行	首都经济贸易大学出版社
地　　址	北京市朝阳区红庙（邮编 100026）
电　　话	(010) 65976483　65065761　65071505（传真）
网　　址	http://www.sjmcb.cueb.edu.cn
经　　销	全国新华书店
照　　排	北京砚祥志远激光照排技术有限公司
印　　刷	北京建宏印刷有限公司
成品尺寸	170 毫米×240 毫米　1/16
字　　数	146 千字
印　　张	9.5
版　　次	2024 年 10 月第 1 版
印　　次	2024 年 10 月第 1 次印刷
书　　号	ISBN 978-7-5638-3777-9
定　　价	50.00 元

前　言

　　启发式算法是一种基于智能搜索策略并利用多个变换方式来解决计算机问题的方法。启发式算法主要应用于没有已知确切方法，或者在一定运行时间内很难找到改进的最优结果的问题。启发式算法主要包括：模拟退火算法、禁忌搜索算法、蚁群算法、遗传算法、人工免疫算法、人工神经网络、差分进化算法和粒子群算法等。其优点主要在于：算法的使用和实现相对简单、计算量较少、易于定量和定性分析结合、适应性强、高效性和鲁棒性等。

　　近年来，启发式算法已经被广泛地应用在各个领域，主要包括：工业设计、金融分析、机器学习、交通规划、科学计算与优化、智能决策和自然语言处理等。启发式算法通过搜索的方式来找到最优解，具有全局性、随机性和适应性等特点，能够在整个搜索空间中寻找最优解或近似最优解。正因为启发式算法在解决优化问题——特别是在处理大规模和复杂问题时的出色表现，使得越来越多不同领域的学者开展了对启发式算法在本领域的应用研究。

　　本书着重介绍作者在公交线路设计问题、机场巴士网络设计问题、机场快轨时刻表优化问题和航空器地面滑行路径规划等领域运用启发式算法取得的成果。全书一共分为 6 章，第 1 章为引言，描述了研究内容和研究概况。第 2~5 章分别阐述了启发式算法在公交线路设计问题、机场巴士网络设计问题、机场快轨时刻表优化问题和航空器地面滑行路径规划等中的具体应用研究情况，并提供了大量实验数据，验证了相关算法的有效性和可靠性；第 6 章进行了总结和展望。本研究对于相关领域的研究人员具有一定的参考价值，对于启发式算法的应用与发展能够起到较好的促进作用。

全书的撰写受到了家人、朋友和同事的支持和帮助，同时也得到了作者的学生陈荟、连晓燕、安林洁和马萍的大力支持，在此一并表示深深的感谢。由于作者精力和水平有限，书中难免有疏漏与不当之处，恳请读者批评指正。

范烺

目录
CONTENTS

1 引言

在当今这个信息爆炸的时代，我们面临着越来越多的复杂问题。面对这些问题，传统的搜索算法往往无法给出满意的结果。而启发式算法是在搜索问题空间的过程中，通过一些启发式规则来对问题空间进行排序或筛选，从而找到最优解的一种算法。这些启发式规则通常基于问题领域的知识或经验，使得算法在搜索过程中能够快速排除一些不可能的解，从而提高搜索效率。启发式算法具有以下几个优点：①高效性。启发式算法可以通过对问题空间进行高效的搜索和排序，从而在较短的时间内找到最优解。相比于传统的搜索算法，启发式算法具有更快的搜索速度和更低的计算复杂度。②智能性。启发式算法通常基于问题领域的知识或经验，可以利用这些知识来判断问题的解。这使得启发式算法能够对不同类型的问题给出最优解。③可扩展性。启发式算法通常可以通过简单的修改来扩展其搜索空间，从而解决更复杂的问题。④易于实现。相对于传统搜索算法，启发式算法实现起来更简单。这使得启发式算法可以被广泛应用于各种实际问题中。

1.1 研究内容

本书将着重介绍启发式算法的应用研究，其中包括：公交线路设计问题、机场巴士网络设计问题、机场快轨时刻表优化问题和航空器地面滑行路径规划等。

1.1.1 城市公交线路设计问题

公交线路设计问题以公交线路设计为切入点，着重研究目标函数构建、线路生成和改进的相关方法。通过了解、学习国内外优秀的设计方法，为更好地解决城市公交线路设计问题提供可行的思路。通过合理地设置目标函数、改进公交线路设计问题中的初始线路集生成方法及优化方法，引入合适的约束条件及评价指标，并在标准数据集和本书根据现实生成的测试数据上进行实验，用实验证明方法的有效性。主要内容包括：①讨论公交线路设计问题的约束条件。现实世界纷繁复杂，使用数学模型对其进行描述时必然要考虑到很多约束条件。这里主要考虑公交站点一共出现的次数、每组线路中包含的线路条数、每条线路包含的顶点数、线网的连通性、乘客需求被满足的程度、线网的覆盖率与重复系数以及尽量减少换乘和平均出行时间最短等。将约束条件与目标函数和算法结合起来，共同寻找公交设计问题的最优解。②改进两种适用于公交线路设计问题的方法。从问题优化的单个目标函数和多个目标函数两个角度出发，改进两套解决问题的方法。单目标方法以考虑乘客的需求为主，尽量缩短乘客的出行时间，针对基本花授粉算法，改进初始化方法，将动态转换概率应用其中，并使用消除冗余方法对问题进行求解。多目标方法将线路个人分摊成本加入其中，旨在充分满足乘客出行需求的前提下，尽量控制公交线路总体长度。之后结合多种约束，加入交叉算子，应用改进的多目标优化算法对问题进行求解。③使用 MATLAB 编程，并编写一个软件用以产生新实例。研究中所有编程都采用 MATLAB 来实现。选择 MATLAB 的原因是研究中许多数据需要使用矩阵来表示，例如乘客需求、站点距离、出行密度等，而 MATLAB 正是以矩阵为操作对象，程序效率很高，代码更简洁。同时 MATLAB 的画图功能强大，结果显示更为直观。为了对本研究中的方法在更大规模网络上进行测试，本书使用 MATLAB 制作了一个程序。只要输入站点数、线路条数等相关参数，就能形成道路网络，针对此图进行实验。④通过基准数据和扩展数据测试该实现方法。通过对基准数据进行测试，在相同评价指标下，与前人提出的方法进行对比，验证方法的有效性；同时使用数据生成程序产生扩展数据，在更大规模网络上对本研究中改进的方法进行测试。

1.1.2 机场巴士网络优化问题

本书在已有研究基础上，以机场巴士网络设计问题为切入点，分别进行机场线路设计和机场巴士时刻表设计两个部分的研究。通过了解、学习国内外优秀的设计方法，为更好地解决机场巴士网络设计问题提供可行的思路。在机场巴士线路设计研究方面，着重研究目标函数构建、线路生成和改进的相关方法，通过合理地设置目标函数、改进机场巴士线路设计问题中的初始线路集生成方法及优化方法，引入合适的约束条件及目标函数；在机场巴士时刻表设计研究方面，根据机场巴士运行特点，以乘客平均出行时间构建目标函数，结合有关算法合理改进时刻表设计方法，并在实际数据集上进行实证，以验证证明方法的有效性。

具体优化过程分为 3 个阶段：①考虑机场巴士线路设计问题的约束条件和目标函数。这里主要考虑机场巴士站点一共出现的次数、每组线路中包含的线路条数、每条线路包含的顶点数、线网的连通性、乘客需求被满足的程度、线网的覆盖率与重复系数等。将约束条件与目标函数和算法结合起来，共同寻找巴士设计问题的最优解。②改进适用于机场巴士线路设计问题的方法。实证部分首先从机场巴士线路设计出发。机场巴士线路设计以考虑满足最大出行需求为主，尽量满足单条线路乃至整个网络的乘客出行需要。针对基本果蝇算法，改进线路组的初始化方法，对路径组的初始种群进行集优化处理，并使用可行性检验方法对路径组进行进一步检验，剔除不可行解。③改进适用于机场时刻表设计问题的方法。在机场巴士线路设计的基础上，对机场时刻表进行优化设计。以满足乘客最小出行时间成本为主，旨在充分满足乘客出行需求的前提下，尽量控制乘客的出行时间总量。之后结合多种约束，应用改进的多目标果蝇算法，加入种群变异和寻优机制，对问题进行求解。④通过实际数据测试上述方法。研究中所有编程都采用 MATLAB 来实现。本书选取北京首都国际机场和北京大兴机场实际数据进行测试，在相同评价指标下，与之前的实际现状或改进前的方法进行对比，验证方法的有效性。

1.1.3　机场快轨时刻表优化问题

本书将以机场快轨时刻表优化问题作为切入点，着重对机场客流量、目标函数的构建、时刻表生成和改进的相关方法进行研究。通过了解、学习国内外优秀的设计方法，为更好地解决机场快轨时刻表优化问题提供可行的思路。通过合理地设置目标函数、改进机场快轨时刻表问题中的初始时刻表生成方法及优化方法，引入合适的约束条件，并在获取的机场航班数据的基础上进行实证，验证方法的可行性以及得到更优解。主要内容包括：①机场快轨客流量获取方法研究。这里对机场旅客的特性和乘坐机场快轨的旅客客流分布以及机场快轨运营调度的影响因素进行研究。通过分析特征，得出旅客特性，最终通过从首都国际机场官网获得的某天航班数据运用仿真的方法得出某天内每个时刻的机场快轨乘客需求量，为优化机场快轨时刻表做数据支撑。②讨论机场快轨时刻表优化问题的目标函数和约束条件。这里主要考虑机场快轨发车的最大间隔和最小间隔、机场快轨车辆的最大载客量、列车区间运行时间、列车停站时间等。将约束条件与目标函数和算法结合起来，共同寻找机场快轨时刻表优化问题的合理结果。③改进适用于机场快轨时刻表优化问题的方法。本书应用花授粉算法对机场快轨时刻表优化问题进行研究，在应用花授粉算法的过程中对时刻表初始化方法、转换概率的自适应调整方法、基于更优个体的改进策略等步骤进行改进。验证算法的可行性后，应用改进的花授粉算法对机场快轨时刻表优化问题进行求解。④对首都国际机场进行实证研究。将得出的机场快轨每个时刻的客流需求量作为初始数据，运用花授粉算法和改进的花授粉算法进行实例研究。实例研究分为等间隔发车、无规律间隔发车两种情况，分别得出优化结果并进行对比。

1.1.4　航空器地面滑行路径规划问题

本书将以飞机地面滑行线路问题为切入点，着重研究目标函数的建立、算法设计方法改进和滑行线路生成。通过学习国内外研究者应用的设计方法，为更好地解决飞机地面总滑行时间过长的问题提供可行的思路。

主要内容包括：①航空器地面滑行路径优化模型的构建。在构建航空器地面滑行路径优化模型过程中，本书结合民航局官网资料及相关参考文献确定每条线路的机位数、跑道个数、冲突点数、线路条数等相关参数；同时考虑到飞机滑行存在一定的限制因素（如飞机间滑行具有最低间隔标准、航空器滑行速度等），结合限制因素提出模型的约束条件。由于飞机在滑行过程中容易与其他飞机产生冲突，因此本书将容易产生冲突的区域定义为"冲突点"并引入目标函数的定义中。②基于花授粉算法的改进设计。在构建航空器地面滑行路径优化模型后，首先采用初始化方法对机场网络进行初始解的构建，寻找最优的初始路径集合。其次结合花授粉算法的原理和相关研究，采用冲突等待策略和局部搜索策略对花授粉算法进行改进，使得应用改进的花授粉算法得到的目标函数值优于其他启发式算法，从而确定最终的路径集和路径网络图。③航空器地面滑行路径规划系统的构建。航空器地面滑行路径规划系统旨在减少航空器在地面滑行过程中产生的滑行延误时间，缩短飞机从自身机位滑行到跑道端点的总时间。该系统的核心功能是决策者依据系统生成的最优路径集和路径网络图做出规划决策。为了使系统具有普适性的特点，在实验过程中将采用上海虹桥国际机场和北京大兴国际机场数据集，对其分别进行数据分析得到实验结果，确保系统在实际应用中的准确性和有效性。

1.2 研究概况

近些年来，许多领域的研究者都在不断研究启发式算法在解决实际问题时的应用方法。他们运用智能算法对复杂计算问题进行优化求解，并已成功应用于实际问题的求解。通过对各种生物种群的细致观察和研究，模拟个体之间复杂的合作与竞争关系，往往可以有效地解决实际工程中一些复杂的优化问题。

1.2.1 城市公交线路设计问题的研究概况

城市人口的快速增长及人们生活水平的提高引发了城市交通需求的快

速增加。交通问题成为目前需要解决的重点问题之一。城市公共交通作为城市交通的一个重要组成部分，能够运送更多客流、节约更多成本、缓解交通压力、减少环境破坏，是城市居民可选的有效交通方式，对城市经济的发展起着重要作用。

近年来，很多城市在早晚高峰期间存在严重的交通拥堵问题，而发展公共交通是解决这一问题的强有力途径。不过，各地虽然在积极推进公共交通的发展，公共交通出行比例有了稳步提高，但是与发达国家相比差距仍然明显。以北京为例，公共汽车客运量呈逐年下滑趋势，这虽与地铁发展有关系，但公交系统本身的问题依然很多。五环内，想在 500 米内找到一座公交站，成功率在 88%，说明相邻公交站点相距较远。大部分线路过于集中在干线走廊上，重复系数高达 6.7，说明大部分公交车的线路重复且多选择主路。乘客 35% 的时间都用来等车和换乘。同时，由于路况不稳定，经常发生拥堵，造成公交车通常间隔时间较长或发生同时到达好多辆的情况。

地面公共交通的发展正面临着巨大的挑战，一部分原因是居民可选择的出行方式较多如（小汽车、自行车、地铁等），除此之外是公交系统本身存在的问题：①公交线网布局不合理。相邻公交站点相距较远，大部分公交车的线路重复且多选择主路，为节约成本，往往线路迂回曲折，乘客出行耗时较长。②公交不定性。由于路面交通环境多变，经常会出现事故、拥堵等问题，造成公交车断档；或者因为某条线路乘客需求较少，每次出行需要面临较长等待时间，造成出行时间的不固定。③换乘条件差。由于线路长度及需求分布的限制，一定会有部分出行需求需要换乘，换乘中换乘距离、标识、天气等因素会对居民的公交选择产生很大影响，使乘客觉得麻烦。

公交线网是公交系统的基础部分，布局完善、结构合理的公交线网是更多乘客选择公交出行的良好保障。线路设计是整个公交网络设计的基础环节，如果设计得好，则能够减少乘客出行时间与距离，降低换乘次数，同时也会影响后续时刻表的设计。但是，由于公交网络设计问题的复杂性，最优的公交线网很难求出。当网络规模越来越大时，求解难度会变大，且无法保证求解效率；而且，公交线路的生成存在诸多困难，因为公交线路是由一个个相邻的公交站点组成的，需要根据站点间的连通关系来形成线路并保证整个公交线网的连通，随机生成一个连通的公交网络将会耗费大量的程序运行时间。因此，需要有一些专门适用于公交线路设计的方法，来辅助现代启发式算法，以快速得到我们想要的结果。

在 1979 年之前，针对城市公交网络设计问题（UTNDP）发表的少数论文仅考虑了具体的问题实例。1979 年，Christoph Mandl[1-3] 考虑以更通用的方式解决问题，他对 UTNDP 给出了通俗易懂的解释。Mandl 集中在城市公交线路问题（UTRP）上，开发了两阶段解决方案。首先建立可行的线路组，然后应用启发式方法来提高初始线路组的质量。在此阶段，Mandl 在评估线路质量时仅考虑乘客在公交车上的时间，然后提出一系列启发式的方法改进初始线路组。在 Mandl 的开创性工作之后，启发式方法被广泛用于解决 UTNDP。1986 年，Ceder 和 Wilson[4] 提出了同时解决公交线路和车辆时刻表问题的模型，他们利用模块化的方法，将问题拆分成可操作的内在相关的几个部分，同时对多个约束条件以及多个优化目标进行了考虑。进入 20 世纪 90 年代，具有代表性的研究是 Baaj 和 Mahmassani[5] 提出的基于人工智能的解决城市公交线路设计问题的方法，包括 3 个主要部分：启发式线路组建立算法、分析流程、线路改进算法。

随着计算机技术在过去二十年的发展，元启发式技术已经越来越受欢迎。1998 年，Pattnaik[6] 使用遗传算法对城市公交线路设计问题进行了求解。他们提出了基于固定交通需求量的以最小化总花费为目标的公交线路模型，使用 Dijkstra 算法和交通需求量建立候选线路集，使用二进制编码建立初始种群，再采用组合交叉和变异等算子计算出最佳线路组。2003 年，Chakroborty[7] 基于遗传算法，首先通过计算节点的"活动度"建立初始线路组，然后提出评价标准对线路组进行评估，最后利用遗传算法进行改进。此时统一的公用数据集只有 Mandl 的 15 节点网络。

Mumford 团队[8-11] 从 2005 年开始，致力于研究城市公交线路设计问题。为弥补实验数据集的不足，他们建立了 4 个不同规模的道路网络供研究者使用，并在之前研究的基础上提出了新的解决方案。首先使用建设性启发式来产生初始线路集，然后使用多目标进化算法（Multi-Objective Evolutionary Algorithm，MOEA）进行优化，两个目标分别是乘客平均花费时间及单向路径总长度。其保证线路连通的方式是后面线路的第一个节点从前面线路中出现过的节点中选择。交叉算子交替选择两个线路集中的线路，变异算子是随机从线路的末尾增加或删除随机个点。每一步都会对不符合要求的情况运行修复程序，以确保所有点都被覆盖。Mumford 团队的最新研究进展是以最短路径为中心思想，首先以出行时间最短为权重，确定最小的一对节点，然后继续判断权重再向两端扩充。之后运行交叉、修复及变异程序，寻找最优解。其选择的两个目标是所有乘客的平均出行时间及遍历所有线路的总时间。

国内是从 20 世纪 80 年代开始针对城市公交线路设计问题进行研究的，目前主要是通过建立数学模型和利用算法对模型求解的方式解决问题。夏伟民等人[12]较早地对公交线路设计问题进行了研究。他们对城市公交线路网络优化问题作了比较系统的介绍，包括问题的模型与方法。张启人等人[13]在 1986 年运用大系统理论根据不同的限制条件提出了不同的公交线路网络优化模型，并对其进行仿真。1992 年，刘清等人[14]以人工智能作为理论基础，提出广义 A * 算法，主要原理是在每对端点中搜索出满足有关限制条件的主、次最佳线路，并按照二进制理论将其形成若干优化网络。与此同时，张国伍等人[15]则在考虑公交特性的基础上扩展了 Floyd 算法，使方法更适用于求解公交线路最短路径。林柏梁等人[16]构建了多约束的非线性 0-1 规划模型，以乘客时间投入及公交公司资金投入为费用目标，但并没有给出实现的算法。2005 年，韩印等人[17,18]认为线网优化成本较高，故采用逐条布线、优化成网的方法，并根据数学规划原理提出了优化算法。胡启洲等人[19]在考虑效益最大化、成本最小化、发展可持续化的情况下，利用效用函数建立了公交线网优化的多目标线性规划模型，并用蚁群算法求解。王瑶[20]使用"四阶段"预测框架对交通分布进行预测，对所建模型是否存在有效解进行了论证，最后使用遗传算法进行求解。胡圣华[21]探讨了分层规划的可行性与规划模式，分层阐述了优化目标及约束条件，介绍了可选线路的生成方法。

2010 年之后，公交线路设计问题仍是研究的热点。2012 年，赵毅[22]以乘客的乘车时间和换乘次数作为优化目标，针对城市公交线路设计问题给出了基于遗传算法的实现方案，并对算法中的具体改进细节进行了解释。2013 年，魏强[23]从线路"创优"的角度提出了公交线网设计方法，建立了基于广义费用最小的优化模型，通过算例验证了方法的可行性。2014 年，孙明明[24]以乘客换乘次数和乘客出行时间最少为目标，综合考虑了城市公交的运力限制，采用遗传算法对模型求解。2016 年，柏伟等人[25]发现大量公交车在同一个站点停靠会造成拥堵、排队等问题，因此他基于公交站点的最优通行能力，提出了调整线路的优化方法。同年，张辉[26]基于图论构建了公交线网评价分析因子，并以 OD 矩阵为基础，构建城市公交线路蜂群算法模型。该模型充分考虑了乘客需求，以减少乘客换乘次数和出行时间为目标。方法实现分两个阶段，首先将贪婪算法加入初始化过程中，之后利用蜂群算法去改造初始线路集合。2018 年，戴杨铖[27]将行程时间可靠性理论加入线路优化的度量中，使用蚁群算法对模型进行求解，其结果能够很好地考虑运营效益与线路准点率。

在以上的公交线路设计问题的研究中，有的是将单个目标作为优化的目标，有的是将多个维度的目标作为优化的目标。单目标研究方法简单直接，任何两个解都能比较出其优劣，将目标函数直接作为算法优化的方向即可。但多目标的优化方法就较为复杂，在科学研究和实际应用中通常将这些问题称为多目标优化问题（Multi-objective Optimization Problem，MOP）。其最优解并不是只有一个，而是一组由 Pareto 最优解组成的最优解集合[28]。目前求解的主要方法有转化法和基于帕累托最优的方法两种。

转化法的原理是将多目标问题转化为一个或一系列单目标优化问题。可以将多个目标线性组合加权，或将其余目标转化为某目标的约束条件等。Zhang 等人[29]将传统的数学规划方法与进化算法相结合，提出 MOEA/D（Multi-Objective Evolutionary Algorithm Based on Decomposition）算法；在此基础上，众多学者对 MOEA/D 进行改进，提出许多 MOEA/D 的改进算法[30,31]。在上述文献中，2016 年，张辉[26]将乘客换乘次数和出行时间两个目标函数加权组合，变成单目标问题进行求解。

基于帕累托最优的方法主要通过多目标进化算法来实现。其基本思想是利用基于 Pareto 的适应度分配策略，从当前种群中找出所有非支配个体。Deb 等人[32]提出的 NSGA-II（Non-dominated Sorting Genetic Algorithm-II）是该类算法的典型代表。2013 年，Mumford[9]针对公交线路设计问题提出了一种多目标进化算法，其原理是通过寻找线路组之间的支配关系，找到一组帕累托最优集合，决策者可根据自己的意愿对其进行选择。2018 年，陶浪等人[33]提出以乘客出行时间最少和燃油费最少为目标的数学模型，对 NSGA-II 进行了改进，改变了交叉算子系数。

1.2.2　机场巴士网络优化问题的研究概况

随着航空业的迅速发展和全球化进程的加快，人们对民用航空运输的需求量持续增长，对航空产业的服务质量提出了更高的要求，反过来又促进了航空业的改革和发展。航空业的专家大多关注于民航系统本身的改进，以达到提高机场的客运规模和旅客服务满意度的目的，而对于机场道路运输系统的改善却没有给予足够重视。一个机场的运输能力已远不能满足大型城市作为运输枢纽的需要，大型城市逐渐出现双机场枢纽的新趋势。同时，由于各主要机场沿途连续运输保障体系的不足，导致了相应机场的旅客运输效率下降，枢纽机场的功能得不到完全发挥，也弱化了双机场竞争模式下单个机场的竞争力。纵观国内外，机场陆侧交通问题已成为全球航空枢纽发展规划中的一个重要问题，不仅影响航空公司的运营效率，也影响乘客的出行体验。

2019 年，随着北京大兴国际机场投入运营，北京作为大型航空枢纽的位置也越发重要，首都作为大型航空枢纽的功能更加凸显。据统计，20 世纪 90 年代后，北京首都国际机场旅客吞吐量常年稳居亚洲第一、全球第二[34]。位于紧邻河北区域的北京大兴国际机场，以服务北京为主，未来将吸引更多来自腹地区域的旅客。双机场模式下的协同发展对机场辐射地区的陆侧地面交通系统提出了更高的要求。当时预测，2020 年北京首都国际机场旅客吞吐量将达到 8400 万人，北京大兴国际机场将达到 2800 万~3000 万人[35]。通过分析国内 38 个旅客吞吐量千万级以上的机场，可发现机场陆侧交通运输存在以下几个问题[36]：①以私家车、出租车、机场巴士、机场快轨等为主的运输方式承担比例分布不尽合理，公共交通所承担比例偏低。选择机场巴士和机场快轨的乘客不足 20%，其中选择机场快轨的乘客数量是机场巴士的两倍左右。地铁机场线运输能力较强，但当面临客流积聚现象时，乘客乘车舒适性程度不高；而机场巴士多数没有相对灵活的时刻表，整体运输效率不高。②多种旅客集散交通系统之间的协作能力不足。当天气、道路等环境发生变化时，大容量交通工具机场巴士调度灵活性不高，此时主要依靠私家车、出租车等灵活性更高的交通工具，但是这些交通工具的容量有限，相应的旅客疏散需要较长时间。③由于航空客流量的特殊性，机场陆侧交通流量不平衡。在假期或早晚会出现高峰客流，此时机场专用道拥堵较为严重，提高机场巴士的运输效率可以一定程度上缓解机场陆侧交通的客流压力。

因此，为应对不断增加的旅客流量带来的挑战，应进一步完善首都机场地区的陆侧交通运输系统，满足日益增长的道路交通需求，为双机场发展做好准备。而机场巴士作为公共交通的一种，不管是航空公司还是政府，都大力提倡乘客能更多地选择公共交通工具，减轻客流压力的同时，还能减少汽车尾气排放，为城市环境建设作出贡献。

机场巴士线路和时刻表是巴士网络设计的两个基本方面。规划合理、布局完善的机场巴士线路和科学高效的时刻表是机场巴士运行的良好保障，也是乘客选择机场巴士作为出行方式的依据。在交通系统中，机场巴士线路设计往往先于时刻表设计进行，机场巴士线路设计的好坏会直接影响后续时刻表的设计。为尽可能满足更多的腹地客流需求并节省成本，机场巴士线网多设计为"轴辐式"，由主干线路和支路共同组成，这与公交线网的交叉式不同。但是，由于机场巴士网络设计问题的复杂性，最优的线路和时刻表很难求出——既要保证整个线路的连通，又要保证机场巴士时刻表的准时性。机场巴士线路的设计方法比较完善，巴士站点多设置在大型酒店、路面交通枢纽和其他客流密度较大的区域，但是由于巴士线路的跨区域特性，巴士的时刻表设计不够灵活。多数时刻表发车计划主要考虑成本因素或排班的方便性，而往往忽略了乘客需求的具体特征。以北京首都国际机场为例，通过咨询机场相关部门，我们发现机场巴士时刻表有两点不足：①发车间隔相对固定，一般以 30 分钟为发车间隔。当航班客流量密度较大时，采取客满发车的方法，没有更加科学合理的规划，一定程度上影响了航班旅客乘坐机场巴士出行的积极性；②没有考虑到发车时刻表对乘客的乘坐意愿的影响。时刻表忽略了发车间隔的不确定性或过多的等待时间会造成乘客的流失，机场巴士的效用没有得到良好发挥。乘客选择出行交通工具时，出行时间和乘坐的便利性是其考虑的首要因素。一般情况下，乘车人数会随发车间隔的增加而减少，因此有必要制定跟随航班时刻滚动发展的机场巴士发车时刻，以提高机场巴士的运行效率。

我国的民航事业正在快速发展，国内大型城市逐渐出现双机场趋势。特别是随着北京大兴国际机场的运营，北京已进入了双枢纽机场模式。航空旅行需求巨大，已造成机场陆侧交通拥堵、环境污染等严重问题。公共交通被广泛视为解决机场地面交通问题的有力途径。机场巴士作为公共交通的一种，与城市公交有一定的共通性，因此机场巴士设计和时刻表设计与城市公交有着相似的原则。本研究将结合机场巴士实际，同时参考大量公交系统的相关研究。在几十年的研究过程中，计算机领域的研究人员主要集中在城市公交方面，对机场巴士的研究相对较少。

机场巴士的设计规划主要包括线路网络设计和发车时刻表设计两个主要方面[37]。计算机领域的研究学者们逐渐达成共识，机场巴士网络设计问题共分为两个部分，即巴士线路设计问题和巴士时刻表设计问题。解决问题的两个步骤通常按顺序进行，线路设计与时刻表设计虽分先后进行，但都同样重要。一般来说，机场巴士的运行线路较为简单，在现有运行线路的规划上，有时会随着实际交通情况略微调整，同时票价也较为便宜[38]。如果要在现有资源范围内最大限度地提高对乘客的服务水平，优化发车时刻表对乘客的影响较优化线路的效果更为明显，公共交通系统的网络设计必须表述为一个优化问题[39]。

然而，随着机场的不断扩建，机场巴士时刻表的设计问题变得非常复杂，具有多重约束。从交通网络的设计到时刻表的设计，学者们致力于探索新的优化方法来解决实际问题。1990 年，Innes 和 Donald[40]对加拿大一些小城市的机场选择行为进行了研究，发现在多机场共同辐射腹地，乘客对区域内的机场选择行为有一定规律，影响航空旅客选择行为的主要因素有机场与腹地之间的距离和机场的整体服务水平。另外还有学者强调了客流需求长期变化对客流调度优化的重要性。例如，1998 年，Alexandersson 等人[41]对瑞士的公交公司多年间的竞争状况进行了分析，他们发现在竞争状态下，应当根据区域内乘客需求的长期发展情况来规划公交的线路和发车时刻表。2009 年，吕燕杰[42]提出了一种基于单位时间内的交通频率确定的公交调度算法来优化交通调度。同年，陈玲玲等人[43]在不考虑城市公交运营中乘客需求影响的情况下，利用遗传算法优化公交运营调度。基于公交运行时间的不稳定性，司徒炳强[44]在设计发车时刻表时，对公交准时性进行了分析，证实了出行可靠性对公交发车时刻表的影响。Salicrú 等人[45]认为，当满足理想的等待时间时，乘客的出行时间最少。他们设计了一种适合于公交时刻表设计的优化算法，得到了公交网络的时刻表优化方案。Shigihara 等人[46]建立了基于公交实时位置和公交发车时间不确定性的时刻表优化模型。优化后的进站时刻表可以让乘客实时选择出发时间，缩短在车站的等待时间。除了需求的不稳定性外，车辆在途中的一些突发状况也会对车辆的运行产生影响，公交发车时刻表的制定应当充分考虑车辆运行中的各种影响因素。

上述学者在他们的研究中取得了很大的进步。然而，大部分的研究仍然集中在城市公交系统的时刻表优化上，很少有关于机场公交的优化，特别是智能算法在机场公交时刻表优化中的应用。美国联邦航空管理局[47]提出了提高美国机场公共模式服务质量的六步市场化战略，得到了大多数学者的接纳。Nesset 等人[48]研究了切换成本对多机场区域客户态度和忠诚度的影响。Lian 等人[49]指出了区域机场与主要机场之间的竞争关系，为提高机场服务质量提供了参考依据。陆婧等人[50]的目标是在培育期间最大化市场份额增长和最小化运营成本，并优化机场巴士时刻表。包丹文等人[51]构建了机场公交出行时间的可靠性预测模型，优化了机场公交网络，提高了机场客车的运行时间可靠性。

近些年来，国内外许多学者都在致力于城市公交运营时刻表的研究。

例如，杨智伟[52]提出了一种基于人工免疫算法的公交调度算法，从具体方面解决公交运行中的具体问题。Niu 等人[53]设计了一个有序整数编码的遗传算法来优化城市公交调度。同时，通过实例验证了改进算法的优越性。牛晋财等人[54]基于人工鱼群算法研究了列车运行的调整方法。上述学者大多对传统算法进行了改进。随着技术的发展，越来越多的学者开始关注新型智能算法的研究。Pan[55]提出了一种新的基于果蝇觅食行为的启发式优化算法——果蝇优化算法（FOA）。自那时起，FOA 在优化领域受到越来越多的关注，成为智能算法优化领域的热点。

1.2.3 机场快轨时刻表优化问题的研究概况

我国民用机场吞吐量的不断增加是民用机场基础设施维护和再建方面面临的一个挑战，机场的基础设施建设很大一部分集中在机场航站楼、机场地面交通中心等陆侧交通区域。由于大多数机场具有辐射作用，在进行基础设施建设时，不仅需要考虑机场旅客和城市中心的通行方式，还应考虑和周边城市较为远程的交通方式。北京首都国际机场是我国京津冀地区甚至全国重要的大型枢纽机场，截止到 2019 年末，北京首都国际机场的旅客吞吐量再次突破一亿，位列世界第二，仅次于美国亚特兰大机场[56]。超过一亿的旅客吞吐量会对机场现有的基础设备提出新的挑战，同时机场日益增多的旅客吞吐量、覆盖范围更广的航线、较大的服务范围都需要成熟的机场基础设施。与较高的需求相比，首都国际机场的陆侧交通集疏运系统存在着一些问题，其中公共交通所承担的运输量较小、机场周边主要道路通道长期拥堵等问题比较突出。近几年，随着京津冀协同发展战略的提出和实行，交通领域应优先做出相关调整。交通领域的调整将为区域产业调整提供便利，给首都国际机场及周边区域带来深远的影响。如何解决现在面临的公共交通运输量较小、机场周边主要道路长期拥堵等问题，同时应对京津冀一体化、机场周围区域经济发展带来的挑战，是本书对陆侧交通方式进行优化的出发点。

我国绝大多数民用机场的旅客离开机场航站楼时可以选择的交通方式包含机场巴士、机场快轨、私家车、网约车等。图 1-1 为首都国际机场陆侧交通系统客运比例结构，机场巴士和机场快轨作为公共交通方式，总共占比不足 50%[56]。提高公共交通在机场旅客选择交通方式中的占比是解决运输量较小、机场周边主要道路通道长期拥堵等问题的一个有效方法。

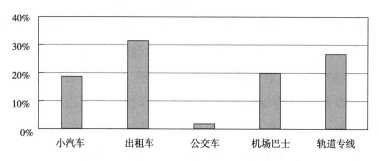

图 1-1　首都国际机场陆侧交通系统客运比例结构

首都国际机场陆侧交通发展所面临的挑战，一部分原因是居民可选择的出行方式较多（如私家车、网约车等），除此之外是公共交通系统本身存在的问题：①机场快轨发车间隔不合理。以首都国际机场为例，无论全天客流分布如何变化，机场快轨每两次发车的间隔均为 10 分钟[57]。然而在航班高峰时间段，该发车间隔容易导致车厢拥堵，并且造成乘客等待时间较长等问题。②机场快轨判定标准不合理。机场快轨涉及机场运营方和乘坐机场快轨的乘客方，机场快轨时刻表的制定应同时考虑两方的利益。对于乘客来说，机声快轨的票价相对于乘坐飞机的票价较低，票价不作为影响乘客选择是否乘坐机场快轨的指标，但等待时间和乘客的出行效率密切相关，因此对于乘客方应选取乘客的等待时间成本来计算乘客的出行成本。对于运营商来说，将每次的发车成本和票价收入的差值作为运营商的运营成本较为合理。

线路客流需求量分布情况是轨道交通车辆时刻表优化的基础，在轨道交通客流规律研究方面，国内外学者取得了较为丰硕的研究成果。

Kang 等人[58]将客流的分布规律和气体等流体的特征进行了对比，发现了一定的相似性，之后将气体和其他流体流动的特征规律应用于对客流规律的研究，并且用实例验证了理论的可行性。在此基础上，Henderson[59]选取了步行速度比较统一的行人流量作为研究对象，将气体动力学模型应用到研究中，建立了可以应用于此类行人研究的动力学模型。我国学者代宝乾[60]将动力学模型作为原理基础，刻画了地铁站的乘客客流特征，描述了地铁站客流的疏散时间等特点。通过应用乘客客流特征的动力学模型，陶志祥等人[61]在研究中加上了更细致的分析，得到了地铁运营管理所需要用到的更详细的乘客客流规律变化，并且在运营优化等方面都有独特的研究成果。周淮等人[62]对城市的轨道交通运营数据进行了较为细致的分析，不仅分析了客流的产生、全天客流分布，还分析了客流断面特征等。

徐良杰等人[63]认为枢纽客运站的客流到达规律可以根据泊松分布和二项分布描述，其中泊松分布适用于客流分布密度较小、旅客随机到达的情况，二项分布更适合客流密度较大、行人较多的情况。王梦[64]以一个典型的铁路客运枢纽为研究对象，通过客流调查和离散分布模型拟合，分析了不同运输方式下铁路客运枢纽的客流分布规律。劳春江等人[65]将慢行交通和城市轨道交通系统之间的换乘作为研究对象，并且认为乘客在全天运行阶段服从泊松分布。他们通过调研为换乘乘客设定了统一的步速，在研究过程中加入了排队理论等研究方法计算排队时间和候车时间，并得出了换乘时间等成果。韩筱璞等人[66]在研究人类行为时发现，人类行为时间统计存在非泊松分布特征可能是一种比较普遍的现象。由于时间期限、个人偏好、排队优先级等因素的影响，一些人的日常行为呈现非泊松分布特征。但是以往的研究中几乎全部应用了客流分布的假设来简化研究问题，缺少数学方法的处理。事实上，轨道交通车辆的车流不仅受到车辆调度的影响，还会受到外部环境的影响。在前人研究难以描述客流分布的情况下，如果采用客流分布假设来简化问题，误差较大。

国内外学者对机场衔接的客流规律也作了很多研究。早在 1995 年，Matthews[67]提出了与机场高峰客流定义、测量和预测有关的概念和问题，并概述了英国几个主要机场业主和运营商为促进机场内客流的快速分配而采取的一些措施。黎晴等人[68]把香港国际机场作为研究对象，通过研究衔接机场过境线旅客出行多样性的需求，对需求进行了分割，将通向香港国际机场的机场客车分为两个种类，以求获取香港国际机场更好的运营效果。聂磊等人[69]使用 TransCAD 软件对乘坐北京地铁机场快线至首都机场的旅客进行了预测，但研究过程中缺少航班信息对于机场客流量的影响因素。Brunetta 等人[70]在研究中发现了航空旅客的出发时间与航班安排时间有很大的相关性。他们在作了大量实际数据调查的基础上，给出了旅客提前到机场情况下的客流分布情况和提前到机场客流的时间范围，并对其统计规律进行了简单的分析。官盛飞[71]强调，进出机场的客流是机场最直接、最主要的客户，是陆上交通系统的核心。此外，邢志伟等人[72]发现机场旅客的到达时间与航班有很强的相关性，航班离港时间越近，累计到达机场的旅客就越多，可根据实际数据拟合出离港旅客到达规律。研究发现，离港旅客到达规律具有的特征可以拟合对数正态分布。

以上对于轨道交通车辆的研究大多是以历史数据为研究基础进行推算或预测，少数学者通过当天的航班数据，结合数学模型、仿真等方法获取当天的客流分布。由于轨道交通车辆尤其是机场衔接交通方式受航班安排的影响较大，因此航空旅客无论是出行时间、到达时间还是客流量分布都无法完全参照历史数据。

轨道交通时刻表优化问题的解决一般基于乘客舒适度更佳或等待时间更短以及运营管理成本更低或适中[73]，城市轨道交通运营商有时会设置全天统一发车间隔，有时会将全天发车时间段分为不同的时间段分别设立发车间隔，有时会采用无规律发车间隔。运用全天统一发车间隔时，一般为乘客人数较少或管理能力较强的情况；设定恒定平峰期、高峰期两个发车间隔一般应用于城市道路和轨道交通，根据该城市居民生活工作习惯，分为两个阶段；无规律发车间隔一般用于乘客需求在全天呈现无规律且起伏较大的情况[73-75]。全天统一发车间隔可以应用于所有情况，但不同情况下效果并不同，如果使用对象不恰当，容易造成乘客平均等待时间较长和乘客旅行效率较低。对于轨道交通时刻表优化问题，国内外已有很多研究，有些学者将乘客等待时间作为目标函数判定优化与否，有些学者设定出行成本为目标函数。根据优化的目标，可将国内外学者对列车时刻表的研究分为旅客的等待时间最少、出行成本最小、其他目标三大类。

为最大程度保证乘客的出行效率，提高乘客乘车过程中的舒适度，部分学者以乘客等待时间最少为优化目标。Canca 等人[76]在研究中对列车调度策略进行了优化，目的是降低乘客总体等待时间。Chowdhury 等人[77]建立了以运营方成本和乘客出行成本的总成本为目标函数的数学模型，用于优化多种交通方式的时刻表和换乘方式。Zhou[78]提出了一种分支定界算法来进行以乘客等待时间为目标函数的模型的求解。刘文驰等人[79]通过设置节点的不同参数，以降低乘客在公交站点的等待乘车时间为优化目标，优化了公交网络时刻表和路径。Dotoli 等人[80]运用了循环调度的研究方法研究了区域铁路的运行时刻表，并建立了以乘客等待时间最少为目标的混合整数线性规划模型，优化了区域铁路调度问题。Chen[81]以乘客的等待时间最少为优化目标，在发车数量不变的前提下，建立了公交时刻表优化模型。

国内外很多学者还考虑到了乘客和运营商的成本，主要是因为传统的轨道交通直接关系到乘客的出行效率和运营商的成本。由于生态环境等影响，国内很多学者将现代问题添加到目标函数中，力求获取更适合当前情况的发车时间表。Pattnaik[82]考虑了常客的候车时间以及企业的运营成本等因素，以乘客和运营商的效益最大化为目标构建优化模型，并应用改进后的遗传算法对目标函数进行了求解。Fosgerau[83]提出了基于发车时间间隔的边际成本的概念，通过研究发车时间间隔与边际成本之间的关系，发现乘客乘车成本与发车时间间隔正相关。朱宇婷等人[84]通过构建乘客出行成本和铁路运营成本最小化的优化目标来优化列车发车时间表。张思林等人[85]将不同时间段的客流需求作为研究基础，建立了以运营成本和乘客的出行成本最小为目标的模型。

不同于其他学者的研究，冯鑫等人[86]只考虑了航空公司的运营成本，并且采用元启发式算法对航班的时刻表进行了优化。Ghoseiri 等人[87]设计了一个多目标优化模型，用于求解铁路网乘客时刻表优化问题。许旺土等人[88]在目标函数中添加了票价影响因素，再通过分析公交系统的接驳效率获得更优解。Yang 等人[89]和 Tang 等人[90]均添加了列车耗能因素和再生资源因素，结合现代热点问题，获得了优化后的列车时刻表。Kang 等[91]考虑了整个轨道交通网路中各个线路之间末班车的衔接问题，建立了以最小化衔接时间为目标的优化模型。朱宇婷等人还研究了旅客出发时刻的选择行为，建立了双层模型，不仅考虑了乘客成本和运营商成本，还添加了均衡配流模型，得出了更优解。

1.2.4 航空器地面滑行路径规划问题的研究概况

随着世界人口规模的不断增加以及人们对于生活水平要求的不断提高，日益增长的出行需求成为社会关注的焦点。飞机作为主要的交通工具之一给予人们巨大的便利。国际航空运输协会 2023 年 1 月航空客运定期数据显示，航空旅行需求持续增长，2023 年 1 月航空客运总量同比 2022 年 1 月增长 67.0%，2023 年 1 月国内客运量同比 2022 年 1 月增长 32.7%。我国民航运输业也保持增长趋势。2022 年，民航业完成运输总周转量 599.3 亿吨公里、旅客运输量 2.5 亿人次、货邮吞吐量 607.6 万吨。2023 年，民航业提出将遵循安全第一、市场主导和保障先行的原则，力争实现 976 亿吨公里的运输总周转量、4.6 亿人次的旅客运输量、617 万吨的货邮运输量。可以看到，为响应民航局《"十四五"民航绿色发展专项规划》，我国作为人口最多的发展中国家，民航运输市场需求潜力巨大，能源消费和排放将刚性增长，实现民航绿色转型和全面脱碳时间紧、难度大、任务重[92]。据《2022 年民航行业发展统计公报》记载[93]，2022 年全国客运航空公司共执行航班 239.38 万班次，其中正常航班 227.35 万班次，平均航班正常率为 94.98%。主要航空公司一共执行航班 190.20 万班次，其中正常航班 180.82 万班次，平均航班正常率为 95.07%。全国客运航班平均延误时间为 4 分钟，较 2021 年减少 6 分钟。其中天气原因和其他原因占较大比例，详见表 1-1。

表 1-1　2022 年航班不正常原因分类统计

指标	占全部比例（%）	比上年增减（%）
全部航空公司航班不正常原因	100.00	0.00
其中：天气原因	67.14	7.58
航空公司原因	11.05	-4.23
空管原因（含流量原因）	0.06	-0.57
其他	21.75	-2.78

指标	占全部比例（%）	比上年增减（%）
主要航空公司航班不正常原因	100.00	0.00
其中：天气原因	67.20	6.96
航空公司原因	11.05	-3.90
空管原因（含流量原因）	0.05	-0.70
其他	21.70	-2.36

飞机延误情况包括空中交通延误和地面运行延误，空中交通延误涉及的因素有扇区划分数量多、空中交通管制限制、恶劣的天气条件、部分飞机延误造成的连锁反应、突发事件等，这些因素大多无法人为干预。此外，机场布局的复杂化也会影响地面交通管制。在地面运行过程中，乘客在机场要经历等待飞机起飞、飞机从停机坪推出、飞机进入滑行道、飞机滑行到跑道、飞机起飞5个过程。2022年全国民航航班运行效率报告中记载，与2021年相比，我国时刻主协调机场离港正常率均同比上升[94]，其中北京大兴机场离港正常率最高，为97.26%，如图1-2所示。京津冀机场群平均滑出时间为12.12分钟，远低于2021年平均滑出时间，如图1-3所示。

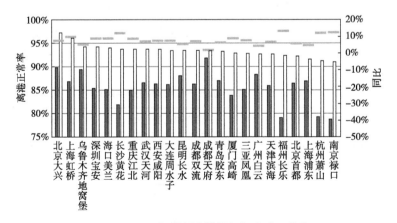

图1-2 2022年时刻主协调机场离港正常率

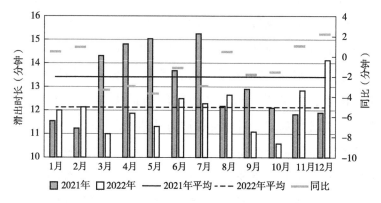

图 1-3　2022 年京津冀机场群平均滑出时长月度变化

中国航行资料汇编中记载飞机撤轮挡时间为 30 分钟，推出时隙依靠机场场面设施动态变化。由于滑行过程中飞机的撤轮档时间较为固定以及推出时隙具有动态性的特点，因此从错综复杂的飞机滑行线路入手是目前较为合理的缩短飞机滑行时长的解决方法之一。如果遵循滑行线路单向、顺序、循环的原则，在飞机从自身机位滑向跑道端时，交叉路口容易发生追尾冲突、交叉冲突和对头冲突[93]。因此，尽可能减少平均滑行冲突时间也是实现路径优化的途径之一。目前国内航空器地面滑行路径规划决策系统较少，管理航空器滑行过程较为困难。为缩短乘客平均登机滑行时间，尤其是缩短大型机场乘客平均登机滑行时间，避免乘客产生焦虑、失控的情绪，本书以乘客需求为出发点，计划缩短飞机从自身机位滑行到跑道端的时间，同时减少飞机间的滑行冲突点，经决策者对路径做出正确决策后满足乘客需求。

由于我国研究航班路径优化问题较晚，因此本书对近 10 年来主要研究者研究的航班路径优化问题和相关算法进行详细总结。2010 年，丁建立等人[94]采用滑动控制窗口的办法实现了滑行调度的实时性，并且根据航班数量动态分配一定数量的"蚂蚁"，使每只蚂蚁依次进入各航班滑行道入口寻找最优滑行路径，在不断循环中得到最短总滑行时间，从而避免了航班间的滑行冲突。2013 年，冯程[93]具体分析了路径优化的限制因素，如场面物理布局与基础设施、动态环境、航班计划和时间等，提出了滑行道冲突探测与解脱如对头冲突、追尾冲突、交叉冲突和冲突迭代等问题的观点。他将航班滑行规划视为一个连续性动态规划过程，采用滚动时域、滑动窗口和虚拟节点将其划分成多个子问题，通过航班不断地加入和脱离问题增强了方案的稳定性。2015 年，陈浩[95]认为滑行油耗是实现路径优化的重要考虑因素，验证得出最优滑行时间与最优滑行油耗不成正比的结论，并在冯程的研究基础上对冲突探测方法进行了分类，确定了方法误差来源，通过判断路径是否存在冲突，选择等待或更改解脱路径。他通过对比这两种方法的最优滑行路径总滑行时间来确定最优解脱路径方法。2016 年，孟金双[96]提出分阶段预测滑出时间的思想，将滑行时间分为无障碍滑出时间和等待起飞时间，引入排队论思想预测模型，基于 KNN 预测航班在滑行过程中同一跑道上的起降航班数量。他依据不同时间段的进港和离港数据将历史数据分组，对比具有不同特征数据集构建特点的预测模型和利用 SVR 的预测方法，结果显示 SVR 预测滑出时间更为准确，有效提升了单个航班的预测准确率。2019 年，徐磊[97]在陈浩的研究基础上确定了以 FCFS（先到先服务原则）为基础的等待策略和更改路径策略来解脱冲突，使用 A * 算法求解模型，表明采用择优方式解脱冲突的总滑行时间比只采用一种方式进行解脱的总滑行时间少。2020 年，黄佳艳[98]针对花朵授粉算法搜索能力差和易陷入局部最优的不足，在采用的搜索策略中引入了当前最优解和差分进化的差分异变因子。在鹰策略两阶段算法中，第一阶段全局搜索算法采用具有列维飞行的标准花朵授粉优化算法，第二阶段采用基于人工蜂群算法的局部加强搜索算法，结果表明改进后的花朵授粉优化算法的收敛速度和稳定性优于普通算法。2021 年，何庶等人[99]在基于改进遗传算法的滑行路径优化算法设计中使用双链染色体编码，分别优化航空器的优先级滑行序列和滑行路径，并与蚁群算法进行对比。他们认为蚁群算法求得的解的波动性大，改进的遗传算法与最优解相差较小。同年，李志龙[100]以重庆江北机场为例，提取出机场场面交叉模型并进行简化，结合蒙特卡洛仿真方法预测多跑道机场场面冲突热点问题，以避免陷入基于历史数据集的局限性并有效检测潜在冲突热点区域，完成冲突等级划分。路径规划选择则基于冲突热点，依据冲突等级判断选择采用动态搜

索因子 ε 改进的 Q-learning 路径规划算法或改进的 A*路径规划算法。结果表明，当前机场场面冲突热点等级之和低于阈值时适合改进的 Q-learning 路径规划，高于阈值时适合改进的 A*算法路径规划，其能大幅提升机场场面航空器的滑行效率并减小冲突碰撞的概率。2022 年，翟文鹏等人[101]在改进传统 Dijkstra 算法时借鉴了滚动时域算法的动态搜索思想，综合算法优点计算最优解，仿真结果显示改进的 Dijkstra 算法可以有效减少滑行延误时间和滑行冲突时间。同年，钱信等人[104]针对传统 Q-learning 算法提出 3 个改进点：引入人工势场法的思想对 Q 表初始化、多步长动作选择策略和动态调节贪婪因子。综合 3 种改进点的 IMD-Q-learning 算法比单一改进的 Q-learning 算法在优化路径长度和减少拐点数等方面效率更高。2023 年，刘海鹏等人[105]在启发函数中引入自适应调整的放大因子，增加了蚂蚁选择最优路径的概率。在改进的蚁群算法中采用奖惩机制更新路径上的信息素，并动态调整信息素挥发因子提高蚁群的搜索速度，结果表明改进算法优化路径效果显著。

国外最早开始研究机场场面路径优化问题时所采取的方法与国内略有不同。由于国外在航空领域研究的路径优化问题较少，因此本小节同时研究其他相关领域（如高铁、出租车、铁路等）来拓展研究者对于优化问题的思考。2001 年，Pesic 等人[104]使用遗传算法实现机场场面交通优化，认为模型优化应该考虑不同的速度和速度的不确定性等因素，而不是改变算法本身，结果是遗传算法在研究全局优化问题上胜于确定性算法（如 A*算法）。2003 年，Gotteland 和 Durand[107]在 Pesic 使用的 One-to-n 方法上增加了分支界定算法，由遗传算法和分支界定算法相结合的方法在较长时间段内保持了较低的移动飞机数量：良好的地面交通情况分辨率可以减少延误，但也会导致移动飞机较少的情况。2006 年，Angel[106]在包含路段容量的多商品流网络问题背景中引入出租车规划支持工具的概念，使用流网络模型来模拟该问题，最后选择松弛法而不是分支界定法求解。2008 年，Roling 和 Visser[109]引入出租车规划支持工具的概念，建立了混合线性规划模型计划来更新所有飞机的规划，以及在规划范围内预计使用滑行道系统的飞机的规划。2010 年，Lesire[110]采用基于 A*算法的迭代规划算法，在提高规划行程真实感方面分析了航班起飞时间不确定性和飞机速度不确定性对飞机延误造成的影响，结果显示飞机速度不确定性的影响程度较低。但该方法的弊端是控制飞机速度以保证分离可能会导致飞机速度非常小的意外情况，飞行器按照特定的轨迹在特定的时间到达每个节点，接下来的航班不会重新考虑它们的行程。2011年，Liu等人[111]提出了3种冲突约束下的飞机滑行路径优化模型，冲突约束包括穿越冲突、迎面冲突和追尾冲突。它们的相同点是同一个路口的另一架飞机与前一架飞机保持安全距离，直到路径可以完全释放，等待时间记录在等待航班的运行时间中。研究者在蚁群算法中通过调节转移概率和信息素给出了安全滑行模型的优化解。2013年，Ding和Zhang[112]研究了停机位和跑道的组合指派问题，提出了闸机和跑道组合优化模型并设计了混合离散粒子群算法对该模型进行求解。其中粒子对自身速度的思考所使用的邻域搜索方法受遗传算法中交叉算子的启发，在自我感知和社会认知部分应用的位置更新策略中使用与交叉算子相似的操作。2017年，Godbole等人[111]采用的分支定界算法的性能完全取决于适当的平衡，在分支和修剪之间取决于两个标准：对树节点进行探索和分析约束组求解的顺序。该方法适用于非常规机场的应用设计。2021年，Basset等人[114]在花授粉算法的全局搜索上基于当前位置与当前迭代相关联，以帮助算法在搜索空间内逐渐探索当前解决方案周围的各个区域，甚至达到迭代的结束；同时在局部搜索上围绕迄今为止的最佳解进行搜索，并根据当前迭代进行缩放，以改进利用算子，加快接近最优解的正确方向的收敛速度。改进后与差分进化算法结合得到的算法在最终精度、计算成本和收敛速度方面优于元启发式算法。2023年，Xiang等人[115]对强化学习中传统的Q-learning学习算法进行了改进，包括优化探索策略和重置Q值来提高算法的效率。其中引入了一个动态探索因子来增强算法在后期收敛过程中的稳定性。

2008年，Guihaire和Hao[114]在公交网络设计、频率、时刻表、调度问题上总结出可适用的启发式方法、邻域搜索方法、进化算法和其他算法，对交通网络设计和调度领域的进展进行了广泛的概述。在全局问题上可以进行创新的求解方法和有针对性的问题细分，诸如决策变量、目标函数、约束和假设等特征必须仔细选择。2013 年，Niu 和 Zhou 以一条拥堵严重的城市轨道交通线路为研究对象，在过饱和条件下进行具有严格容量约束的乘客分配，基于局部改进策略的启发式求解算法，为单站情况寻找最优时刻表。然后开发了一个定制的遗传算法来求解所提出的模型，使用了一种特殊的二进制编码方式，该方法表明在每个可能的时间点上都有列车出发或不出发。2015 年，Fu 和 Nie[115] 等人采用综合分层方法，通过将车站和列车划分为两类来确定线路规划。上层模型最小化乘客总出行次数，下层模型通过最大化所能满足的乘客需求来优化列车占用。考虑到乘客出行时间、列车容量占用率和换乘次数等因素，研究者开发的迭代计算算法在每次计算中包含了单个列车的停站模式和客流分配。该模型和启发式算法允许将代表不同需求-供应因素的策略组合在一起，从而可以生成更多面向成本、面向客户或两者兼而有之的线路计划。2019 年，Chu 等人[119] 针对公交时刻表的换乘同步规划问题，提出了混合整数线性规划模型和启发式算法，可以在大幅减少求解时间的情况下获得接近最优的结果，优化了公交时刻表和乘客出行路径选择。计算测试结果表明，公交车频率、需求方向和换乘步行时间会影响公交系统性能。2020 年，Eman 和 Heba[117] 提出了静态环境下无人车的启发式路径规划算法，考虑到道路障碍物对路径规划的影响，因此使其生成的最短路径离障碍物最远，并与 A * 算法的性能进行比较，事实证明改进的算法快于 A * 算法。2023 年，Li 等人[121] 在解决移动机器人路径规划问题中采用新的模拟蚁群算法蚂蚁路由策略的初始化方法，基于贪婪思想提出了基因片段组合策略，最后提出新的变异算子优化冗余路段，仿真结果表明新算法的改进优于基本遗传算法。

2 启发式算法在城市公交网络设计问题中的应用

本章将重点介绍启发式算法在城市公交网络设计问题中的应用，其中包括：①以乘客优先的公交线路设计——将给出公交线路设计问题的数学模型，包括问题的描述、约束条件、目标函数及评价模型；改进花授粉算法，包括初始集的构建和进一步优化；同时进行实验，验证方法有效性。②多目标多约束条件的公交线路设计——将给出公交线路设计问题的多目标数学模型；改进多目标优化算法；同时进行实验，验证方法有效性。

2.1 以乘客优先的公交线路设计

随着城市化进程的加快，居民出行需求也随之增加，城市公交网络规模越来越大。城市公共交通需求增长与公交网络系统供给能力不足的矛盾日益突出，交通拥堵等交通问题频发，降低了城市公交网络的运输效率，影响了人们的生活质量。城市公交网络是由公交站点、公交线路组成的复杂网络，其特征为节点繁多、站点之间连边关系复杂、线路缠绕关系复杂、站点之间与线路选择多变等。

公交网络通常是由站点和道路组成的连通图。公交站点包括首末站点和中间站点两种类型，其中位于交通枢纽位置、停靠线路较多的中间站点通常叫作换乘站点，换乘站点往往会停靠 3 条以上的公交线路，具有疏导和吸收周围客流的重要作用。公交网络具有以下几个特点：①连通性。在公交网络中，公交站点往往停靠着多条线路，同一条公交线路通过中间站点互相连接，不同公交线路之间通过换乘站点互相连接，构成一个连通网络。②站点性质。在城市公交网络中，不同站点具有不同的性质，停靠的公交线路数量也是不同的。换乘站点往往位于城市交通中的枢纽位置，停靠的线路较多，在公交网络中发挥着重要的作用。首末站点往往位于交通便利、客流较少的开阔地带。③线路性质。公交线路是公交网络运营的基本单位。不同公交线路的起始站点、线路长度、运输方向、站点间平均距离等特征是不同的。公交网络是由许多条不同性质的公交线路组成的，不同性质的公交线路满足了公共交通不同的运输需求。④公交网络几何形状。城市交通中不同区域布设的线路也是不同的。城区主干道上往往布设的是发车频率高、客运量大的公交线路。不同区域布设不同性质的公交线路使得公交网络呈现出几何结构性质，如星形、放射状环形、网格形等。

2.1.1　公交线路设计问题的数学模型

公交线路设计问题不是一个单一线路问题，它是满足某一地区交通需求的所有线路的组合设计和优化问题，最终将产出一个公交线网。它要求在已有的道路网络和公交站点基础上，规划公交线路，解决换乘率高、出行时间长等问题；同时，还须保持线路集的有效性（连通），即乘客从任何一个站点出发，都能到达他想去的另一个站点。本节首先将问题抽象为数学模型，主要关注公交线路设计问题，并构建目标函数及相关约束条件与假设。

2.1.1.1　问题描述

城市公交线路设计问题涉及在现有的道路网络上设计有效的公交线路集（如图 2-1 所示），其中已知上/下车站点（如公共汽车站）。需要注意，公交线路会覆盖所有的站点，但不会覆盖所有的道路。

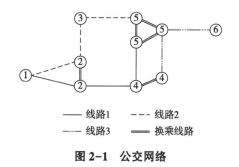

图 2-1　公交网络

道路网络由一个无向图 G = (V，E) 来表示，其中节点 V = $\{v_1$，…，$v_n\}$ 表示乘客的乘车点（即公交站点），边 E = $\{e_1$，…，$e_m\}$ 表示直接连接两个节点的道路。$C_{n×n}$ 是一个 $n × n$ 的连接矩阵，如果节点 v_i 和节点 v_j 之间存在边，那么 $C_{v_iv_j} = 1$，否则 $C_{v_iv_j} = 0$。$D_{n×n}$ 为 OD 需求矩阵，$D_{v_iv_j}$ 表示节点 v_i 到节点 v_j 的乘车需求。$T_{n×n}$ 为站点间的通行时间矩阵，$T_{v_iv_j}$ 表示节点 v_i 到节点 v_j 的乘车时间，但需要注意的是，整个矩阵 T 是根据连接矩阵 C 过滤后的矩阵，如果两个节点没有直接相连，那么它们的通行时间为无穷大。其中 n 表示网络节点的个数，i，$j \in [1$，2，…，$n]$。

将地图 G 中的一条公交线路定义为 R_i，$G_{R_i} = (V_{R_i}$，$E_{R_i})$ 是地图中的一个子图，其中 $i \in [1$，$r]$，r 表示线路集中的线路条数。最后研究结果所获得的一组解决方案即公交线路组表示为 R = $\{R_1$，…，$R_r\}$。在这个矩阵中，每一行表示一条线路，每个元素表示站点，每一条线路的站点按顺序排列，不足最大站点数量的元素用 0 补齐。

2.1.1.2 约束条件

在问题研究开始之前，为保证产生的线路集有效，先对问题进行约束，明确本研究中的细节。

（1）本研究讨论的公交网络视为无向网络，即不考虑线路上行与下行。在实际公交系统中，上行线路与下行线路大体一致，故研究中可以忽略这部分的影响。如图 2-2 所示，左边为上行线路，右边为下行线路。但偶有不一致的情况，需要人工调整。

图 2-2　上行与下行线路示意图

（2）不考虑车辆的发车频次，假设任意两点的需求都有足够的车辆来满足。线路设计与时刻表设计往往是按照先后顺序进行，在此假定有足够的车辆满足乘客需求，同时认为公交公司的时刻表设计也合理。

（3）不考虑公交站点的实际地理经纬度。在本研究中，将站点组成的网络抽象出来，只保存站点的连接关系和距离。

（4）不考虑票价的影响。国内将公共交通作为基础设施建设，公交票价较低，因此在本研究中不考虑票价的影响。

（5）线路不包括环和回路（如图 2-3 所示），即每条线路和自身不重合。在公交线路中，如果存在回路，会使线路冗余度增加。

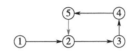

图 2-3 环和回路示意图

（6）为简化模型，在研究中，假设两点间的交通需求为出行平均值。时段的不同会影响两点间的交通需求，通常由增减发车频率来满足。因此，在本研究中将其设置为平均值。

（7）假设乘客的出行以直达线路优先和最短出行时间优先。乘客出行一般会考虑换乘次数与出行时间。如果换乘与直达相比，时间节省得不多的话，乘客还是愿意直达，减少换乘。

（8）任何可行的线路集都是一个连通的网络，即从任何一个节点出发，无论是否换乘都能到达任意一个节点。如图 2-4 所示，左边是一个不连通的公交网络，两条线路没有交点，从站点 1 出发不能到达站点 2、4、6。右边是一个连通的网络，两条线路通过站点 3 相连，乘客可实现换乘，能够满足乘客从任何站点出发到达任何站点的需求。

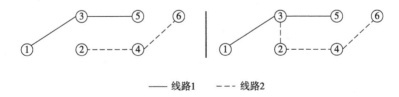

——线路1　－－－线路2

图 2-4 连通与不连通的公交网络示意图

2.1.1.3 考虑乘客出行时间的函数模型

因为我国的公共交通系统主要为了方便乘客、减轻拥堵，所以在本节以乘客出行成本最小为优化目标。广义的乘客出行成本包括总的时间成本与票价，由于国内公交票价较低，不是乘客出行考虑的主要原因，在此将乘客的出行成本狭义定为乘客的出行时间，具体包括公交在途时间、等车时间、换乘时间、平均站点滞留时间。具体目标函数定为乘客的出行时间，表示如下。

$$\min CP = \frac{\sum_{i=1}^{n} \sum_{j=1}^{n} D_{v_i v_j} \cdot t_{v_i v_j}}{\sum_{i=1}^{n} \sum_{j=1}^{n} D_{v_i v_j}} \tag{2-1}$$

满足

$$t_{v_i v_j} = t_{v_i v_j}^{k} + t_{v_i v_j}^{w} + t_{v_i v_j}^{bt} + t_{v_i v_j}^{s} \tag{2-2}$$

$$\bigcup_{i=1}^{r} |R_i| V_{R_i} = V \tag{2-3}$$

$$m_1 \leqslant r \leqslant m_2 \tag{2-4}$$

$$p_1 \leqslant |V_{R_i}| \leqslant p_2 \tag{2-5}$$

式（2-2）表示了乘客的出行成本包括的几部分；式（2-3）意为 V 中包括的所有节点都应至少在 R 中的一条线路中出现；式（2-4）意为每组 R 中所包括的线路条数（即 r）应该大于 m_1，小于 m_2（m_1、m_2 应该根据乘客需求和公交车数量决定）；式（2-5）意为每条线路所包含的节点数应该大于 p_1，小于 p_2（p_1、p_2 应该根据驾驶员的疲劳程度和维护时间表的难易程度来衡量）。其中，$t_{v_i v_j}$ 表示从节点 v_i 到节点 v_j 的乘客出行时间；$t_{v_i v_j}^{k}$ 表示从节点 v_i 到节点 v_j 的公交在途时间；$t_{v_i v_j}^{w}$ 表示从节点 v_i 到节点 v_j 的乘客等车时间；$t_{v_i v_j}^{bt}$ 表示从节点 v_i 到节点 v_j 的乘客换乘时间；$t_{v_i v_j}^{s}$ 表示乘客从节点 v_i 到节点 v_j 的平均站点滞留时间。

2.1.1.4 公交线路组评价模型

为了便于与其他研究成果进行比较，本书在采用上述目标函数模型的基础上，使用以下参数来对实验结果进行评估。这些参数最先由 Chakroborty[7] 在他的文章中提到，后续被很多学者沿用，如 Mumford[8]、Nayeem[47]、赵毅[22]、张辉[26] 等。

$$d_0 = \frac{D_0}{\sum_{i=1}^{N} \sum_{j=1}^{N} D_{v_i v_j}} \tag{2-6}$$

$$d_1 = \frac{D_1}{\sum\limits_{i=1}^{N} \sum\limits_{j=1}^{N} D_{v_i v_j}} \qquad (2\text{-}7)$$

$$d_2 = \frac{D_2}{\sum\limits_{i=1}^{N} \sum\limits_{j=1}^{N} D_{v_i v_j}} \qquad (2\text{-}8)$$

其中，d_0 为不需要换乘到达目的地的乘客数量占总的出行乘客数量的百分比；d_1 为需要一次换乘到达目的地的乘客数量占总的出行乘客数量的百分比；d_2 为需要两次换乘到达目的地的乘客数量占总的出行乘客数量的百分比。D_0、D_1、D_2 分别为无需换乘到达目的地的乘车需求、需要换乘一次的乘车需求以及需要换乘两次的乘车需求。

另外，为与他人研究进行比较，在评价阶段，本书将乘客的平均出行时间（ACP）只简单定义为乘车时间与换乘时间之和，基于 Mumford[11] 的做法，引入换乘惩罚系数。

$$\text{ACP} = \frac{\sum\limits_{i=1}^{N} \sum\limits_{j=1}^{N} D_{v_i v_j} \cdot t^k_{v_i v_j}}{\sum\limits_{i=1}^{N} \sum\limits_{j=1}^{N} D_{v_i v_j}} + (d_1 \cdot \theta + d_2 \cdot 2\theta) \qquad (2\text{-}9)$$

其中 θ 为换乘惩罚系数。

2.1.2 改进的花授粉算法

公交线网设计是公交系统运营规划的第一步，也是城市交通系统运行的基础。线网设计所面临的核心问题是如何设计新的公交线网或对现有的线网进行改进。通常逐条设计并调整网络中单条线路是实现线网设计与优化的主要方法，但这样做往往会忽视网络系统的整体结构，单条线路的规划不合理往往会导致整个公交系统运输效率降低。因此为满足城市公交系统的优化需要，应考虑公交网络整体结构系统的分析问题。

如果需要利用启发式方法成功获得一个最佳的线路网络，取决于以下三方面的表现：①合理的线路表示方式；②有效的线路组初始化方法；③智能的线路组改进方法。花授粉算法具有结构简单、鲁棒性强、搜索能力强、容易实现等特点，且相对于其他算法提出的时间更晚。改进后的算法流程如图 2-5 所示，接下来将详细介绍。

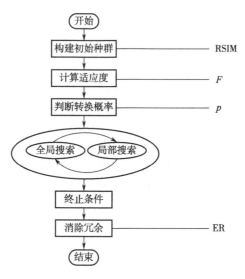

图 2-5　改进花授粉算法的流程

2.1.2.1　线路组初始化方法

基本花授粉算法通过随机方法生成初始种群，在公交线路问题上，初始种群个体适应度较低，在一定程度上会制约算法的收敛速度。本书改进后的生成初始种群的方法弥补了这一不足，而且在开始就保证了线路的连通性，不必再进行可行性检验。线路组初始化方法（Route Set Initialization Method，RSIM）的具体操作如下。

在备选的所有节点中随机选择一个点作为该条线路的初始点；找到与此点相连的其他点的集合，在这些点中随机选择一个点作为此条线路的第二个节点，并且把该点作为"当前节点"；之后找到与当前点相连的点作为一个集合（此时要去除在当前线路中出现过的点，避免出现循环），从中再随机选择一个点，加入当前线路中，并将此点作为"当前节点"；如果"当前节点"已经不存在相邻节点且没有达到最大节点个数的要求，将会反向寻找，重复之前的步骤；之后以此类推，直到线路的节点个数满足最大、最小节点个数的限制，节点个数在最大、最小节点个数之间（包含最大、最小值）的线路将会被保留。第二条路的开始节点从第一条路所用到的节点中随机选择一个，这样的优点在于能够保证线路集是连通的，之后的方法同上，同时保存"使用过的点"。

在生成完当前线路集规定的所有线路条数后，还要进行一些必要的检查。

（1）检查是否使用了所有的节点，如果没有，删掉当前线路组，重新生成。

（2）检查是否存在重复的线路或存在某条线路的子集，如果存在，则删除一条重复线路或线路的子集，再重新生成一条，然后继续判断是否存在重复线路或线路的子集。

在满足所有约束条件后，保存当前线路组，计算 d_0、d_1、d_2、ACP 等评价参数和目标函数。之后重复上述程序，生成规定种群大小的线路组集合。此时，可以生成超过种群大小的线路组，然后利用目标函数值的优劣，从中择优录用。伪代码见表 2-1。图 2-6 为生成初始线路集的流程图。

表 2-1　线路组初始化方法的伪代码

线路组初始化方法

1：设置初始参数，线网中包含的节点个数 n、线路集包含的线路条数 r、每条路径包含的最多或最少节点个数 p_1、p_2
2：for
3：　　开始节点选择：
4：　　　if 是循环的第一次，则随机选取一个节点作为开始节点
5：　　　else 在之前已有的线路中，随机选择一个节点作为新的开始节点
6：　　标注这一节点为"当前节点"
7：　　for
8：　　　　下一节点选择：
9：　　　　建立一个节点集合，包含与"当前节点"直接相连的所有节点（没有被本条线路所使用）
10：　　　　随机选择一个点加入当前线路中，标记此点为"当前节点"
11：　　end 前后两端节点都不存在与之相连且此条线路中没有出现过的点或者线路最大节点数被满足
12：　　if 线路包含的最小点数没有被满足，则删除这一线路，并重复开始节点选择
13：end 达到设定的线路条数
14：输出初始线路集
15：计算评价参数和目标函数

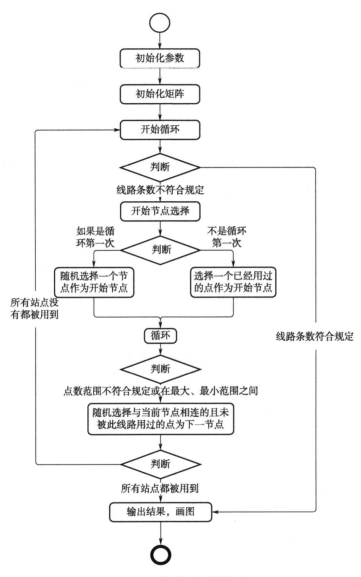

图2-6 线路组初始化流程

2.1.2.2 全局搜索、局部搜索与动态转换

在本书中，传统花授粉算法的全局搜索与局部搜索仍具有一定优势，在此仍沿用以前的做法。Yang经过大量实验证明，当转换概率 $p = 0.8$ 时，算法的效果最好。但是，Draa在研究中明确了固定的转换概率不是算法的完美方案。一般地，在计算过程的前期需要更多的全局搜索，使结果更全

面；后期应该偏向于局部搜索，使结果更优化。因此，本书将采用动态转换概率，根据算法迭代次数 t 来调整转换概率。

$$p = \begin{cases} 0.85, \ t < \dfrac{t^*}{2} \\ 0.7, \ t \geqslant \dfrac{t^*}{2} \end{cases} \quad t \in [1, t^*] \tag{2-10}$$

适应度函数定义为乘客出行成本的倒数，即乘客出行时间越短，适应度越大。

$$F = \frac{1}{CP} \tag{2-11}$$

2.1.2.3 消除冗余方法

由于初始线路集的生成使用了极限策略，每一条路都会在满足最大、最小节点数限制的情况下，尽可能地长一些。因此，可能会出现线路冗余，即有可能出现某两个相邻节点间存在多条线路。这种情况需要进行下面的操作来消除冗余。

在线路集中，线路的节点个数有 3 种情况。

①线路的节点个数等于最少节点；

②线路的节点个数等于最多节点；

③线路的节点个数介于用户设定的最多和最少值之间。

但是由于之前步骤的设置，所有线路的节点个数已经到达极限，不可能再增加，只能在②③两种情况下进行删除，即删掉首尾的点不会减弱评价参数，反而会使目标函数更好。这样的结果将会被保留。消除冗余（Eliminate Redundancy，ER）的具体操作如下。

从当前线路组的第一条路开始，判断节点个数情况：如果是②③两种情况，去除开始节点，计算目标函数，如果目标函数不变或变小，结果被保留并继续，否则直接继续；去除末尾节点，计算目标函数，如果目标函数不变或变小，结果被保留并继续从去掉当前线路的开始节点进行判断，否则直接判断第二条路。之后的线路操作相同，最后保留优化后的线路集。表 2-2 是消除冗余方法的伪代码。

表 2-2　消除冗余方法的伪代码

消除冗余方法
1：for 从 1 到 r
2：　　判断当前线路状态
3：　　if 属于情况②或③
4：　　　　do
5：　　　　　　删除开始节点
6：　　　　　　计算目标函数
7：　　　　　　if 目标函数不变或变小，结果被保留
8：　　　　　　删除末尾节点
9：　　　　　　计算目标函数
10：　　　　　　if 目标函数不变或变小，结果被保留
11：　　until 目标函数不再优化
12：end

2.1.3　实证研究

本节将在公用数据集上进行实验，对公交线路进行优化设计，同时对比前人结果，验证方法的效果。本节实验包括两部分：Mandl 瑞士小镇网络和 Mumford 模拟网络。其中 Mandl 的 15 节点瑞士小镇网络[1] 是 UTNDP 研究中常被用到的经典测试网络，此网络规模小，计算耗时少，实验结果非常直观；Mumford 模拟网络是 Mumford 教授为弥补实验数据的不足，根据现实世界中真实的城市交通网络抽象出来的实验网络[11]，其规模较大，更能体现算法效率。

2.1.3.1　Mandl 交通网络实验

本节首先使用 Mandl 瑞士小镇网络来对算法进行验证。Mandl 瑞士小镇网络包含 15 个节点、21 条边和 15 570 个乘客需求，此网络已成为公交网络设计中的一个基准网络被研究者们广泛使用。Mandl 网络如图 2-7 所示。

本实验中每条线路的最小、最大站点个数设为 2 和 8，线路条数分别设为 4 条、6 条、7 条和 8 条。每个网络算法的迭代次数为 1000，取 10 次实验的最优结果。采用 MATLAB 进行编码，表 2-3 给出了实验结果的最终

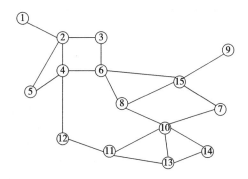

图 2-7 Mandl 瑞士小镇网络

线路集。图 2-8 是优化结果的直观展示。不难看出，四组公交线网均覆盖了所有的公交站点，不同组实验之间不是简单的线路增删，而是整体都不同，从全局角度进行了调整。

表 2-3 从 Mandl 网络中得到的最终线路集

序号	线路条数	线路组
1	4	6-4-12-11-10-7-15-9 13-14-10-8-6-3-2-1 10-13-11-12-4-5-2-1 7-15-8-6-4-5-2-3
2	6	3-6-4-5-2-1 1-2-5-4-12-11-10-7 12-11-10-8-6-3-2-1 1-2-4-12-11-10-14-13 5-4-2-3-6-8-15-7 14-13-11-10-8-15-9
3	7	13-11-10-7-15-8-6-4 14-13-11-12-4-6-15-9 2-3-6-8-10-7-15-9 3-2-5-4-12-11-10-8 13-14-10-8-6-3-2-1 1-2-4-12-11-13-10-7 1-2-5-4-6-8-15-9

37

续表

序号	线路条数	线路组
4	8	1-2-3-6-15-9 9-15-7-10-8-6-4-5 3-6-4-5-2-1 8-15-7-10-14-13-11-12 2-4-12-11-10-7-15-9 13-14-10-11-12-4-5-2 10-7-15-8-6-3-2-1 13-11-12-4-6-3-2-1

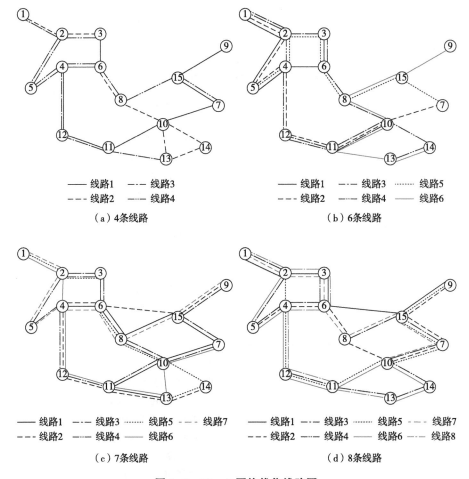

图 2-8　Mandl 网络优化线路图

根据之前的评价参数，表 2-4 给出了直达乘客、一次换乘、两次换乘的比例和乘客平均出行时间，并与 Chakroborty[7]、赵毅[22]、Mumford[11]、张辉[26]等学者的实验结果进行对比，其中 d_0、d_1、d_2 表示百分比，ACP 单位为分钟。在表 2-4 中，优于前人的结果用加粗标注。可以看到，本节的方法除了在 4 条线路的条件下，乘客的平均出行时间略高于张辉的实验结果，其余各项数据都较之前有一定的提升，而且不会出现二次换乘。因此本算法对 Mandl 网络的实验在总体上能得到更好的结果。

表 2-4　Mandl 网络实验结果对比

线路条数	参数	Chakroborty	赵毅	Mumford	张辉	本书
4	d_0	86.86	93.16	90.43	95.89	96.53
	d_1	12.00	6.84	9.57	4.11	3.47
	d_2	1.14	0.00	0.00	0.00	0.00
	ACP	11.90	11.27	10.57	10.41	10.43
6	d_0	86.04	91.42	95.38	96.34	97.50
	d_1	13.96	8.58	4.56	3.66	2.50
	d_2	0.00	0.00	0.06	0.00	0.00
	ACP	10.30	10.38	10.27	10.21	10.20
7	d_0	89.15	93.22	96.47	98.65	99.55
	d_1	10.85	6.26	3.34	1.35	0.45
	d_2	0.00	0.52	0.19	0.00	0.00
	ACP	10.15	10.32	10.22	10.10	10.03
8	d_0	90.38	94.44	97.56	99.29	99.81
	d_1	9.62	5.56	2.31	0.71	0.19
	d_2	0.00	0.00	0.13	0.00	0.00
	ACP	10.46	10.26	10.17	10.07	10.02

2.1.3.2　Mumford 交通网络实验

为弥补 UTNDP 问题公用实验数据的不足，Mumford 教授在 2013 年发布了 3 个不同规模的较大数据集，分别模拟了重庆渝北区、美国波士顿和英国卡迪夫的交通网络情况。这 3 个网络的具体数据如表 2-5 所示，网络图如图 2-9 所示。网络 I 包含 70 个站点，站点间的连接边数为 210 条，最终产生的公交网络应该包括 15 条线路，每条线路的站点个数范围是

表 2-5　Mumford 网络具体参数

网络编号	站点个数	连接边的个数	公交线路条数	每条线路包括的站点个数
I	70	210	15	10~30
II	110	385	56	10~22
III	127	425	60	12~25

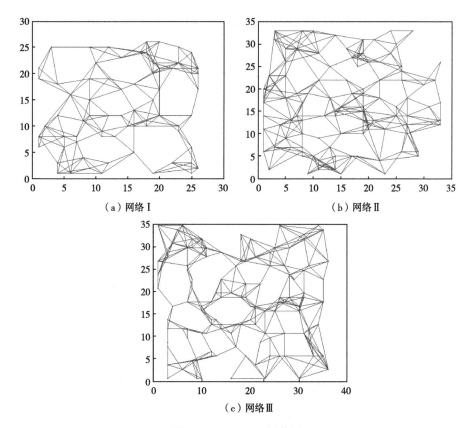

（a）网络 I　　　　　　　　　　（b）网络 II

（c）网络 III

图 2-9　Mumford 网络图

10~30 个；网络 II 包含 110 个站点，站点间的连接边数为 385 条，最终产生的公交网络应该包括 56 条线路，每条线路的站点个数范围是 10~22 个；网络 III 包含 127 个站点，站点间的连接边数为 425 条，最终产生的公交网络应该包括 60 条线路，每条线路的站点个数范围是 12~25 个。

实验中算法的迭代次数是 500 次，取 10 次实验的最优结果。表 2-6 是根据之前的评价参数，与 Mumford[11]、Nayeem[47]、张辉[26] 的实验结果进行的对比，d_0、d_1、d_2 表示百分比，ACP 单位为分钟。

表 2-6 Mumford 网络实验结果对比

网络编号	评价参数	Mumford	Nayeem	张辉	本书
I	d_0	36.60	37.71	44.34	65.06
	d_1	52.42	56.37	55.60	34.94
	d_2	10.71	5.88	0.06	0
	ACP	24.79	23.96	23.67	20.91
II	d_0	30.92	32.53	35.06	43.67
	d_1	51.29	63.53	64.28	56.33
	d_2	16.36	3.93	0.66	0
	ACP	28.65	26.63	26.45	28.16
III	d_0	27.46	29.15	34.52	53.72
	d_1	50.97	64.31	65.04	46.28
	d_2	18.76	6.5	0.44	0
	ACP	31.44	29.65	28.74	29.71

从表 2-6 中可以看出，采用本书改进的方法，最后得到线路集的直达比例都较之前的研究有了显著提升，而且没有二次换乘。网络 I 的直达比例较张辉的结果提升了 46.73%，同时，乘客的平均出行时间较张辉的结果优化了 11.66%。网络 II 与 III 的乘客平均出行时间虽未较之前有所提升，但将其水平维持在了一定范围之内。产生较好结果的原因与前文提到的初始线路集的生成策略有关。结果表明，改进后的算法在较大规模的公交网络上也具有较强的适用性。

2.2 多目标多约束条件的公交线路设计

虽然公交线路的设计以服务乘客为主，但仍须考虑其他主体的利益，如公交公司成本及社会成本等。多目标优化问题是现实中常见的一类复杂优化问题。与单目标优化不同，多目标优化中一个目标性能的改善可能导致另一个或多个目标性能的降低。多目标优化是多个目标相互妥协的动态发展过程，一般无法获得一个使多个目标都达到最优的解，只能得到一组相互折中的最优解集。在多目标优化中，选择合理的优化方法是影响多目标算法性能的一个关键因素。

2.2.1 多目标多约束条件的公交线路优化模型

公交系统的本质矛盾注定了公交线路设计问题可以是一个多目标优化问题。联系当前社会现实，可以将 UTRP 问题的目标归为三大类：首先公交系统的宗旨是服务乘客，要满足乘客的需求，保障乘客便捷出行；其次是要减少消耗、降低成本，满足公交企业的运营效益；最后则是要求提高整个公交线网的运行效率，提高公交分担率，缓解拥堵，减少交通能耗和污染物排放量。从乘客角度出发，主要考虑乘客的出行时间、换乘比例等；从公交公司的角度出发，主要考虑车辆行驶里程、乘客需求满足比例、票价、车辆及驾驶员数量等；从社会角度出发，主要考虑线网密度、线网覆盖率、车辆排放对社会的污染等。本章将从 3 个方面整理出目标及约束条件进行优化。

2.2.1.1 乘客角度

乘客最关心的是出行时间及换乘次数。在本章前面介绍的模型中，乘客的出行时间考虑到了公交在途时间、等车时间、换乘时间及平均站点滞留时间，因此这里仍将乘客的平均出行时间作为多目标优化模型中的函数之一。

2.2.1.2 公交公司角度

对于公交公司或运营商来说，运行消耗是需要重点考虑的问题。在实际情况中，经常需要保持某一条线路上的发车频率，从而确保对乘客的服务水平。正是为了满足这些要求，运营商必须有充足的车辆和驾驶人员来服务不同线路上的乘客。如果有两条长度不一的线路要求保持一致的服务水平，则运营商需要向较长的线路提供更多的车辆和驾驶员支持。同时，较长线路上的燃料消耗（包括汽油、柴油、天然气、电）也将高于较短线路。但车辆与驾驶员安排又与时刻表的制定有紧密关系，因此在这个阶段，我们将暂不考虑车辆和驾驶员的成本，只考虑公交线网的总长度因素。同时，将乘客的需求加入其中，构建线路个人分摊成本，以求在充分满足乘客出行需求的前提下，尽量控制公交线路总体长度最短。此目标的建立能够有效减轻线路的冗余，避免线路重复率高的情况，具体如下。

$$\text{minOE} = \frac{\sum_{h=1}^{r} \sum_{i=1}^{n} \sum_{j=1}^{n} \alpha_{v_i v_j}^{h} \cdot l_{v_i v_j}}{\sum_{i=1}^{n} \sum_{j=1}^{n} D_{v_i v_j}} \tag{2-12}$$

上式中，分子表示总的公交线路长度，分母表示总的乘客需求。其中，如前所述，$D_{n \times n}$ 为 OD 需求矩阵，$D_{v_i v_j}$ 表示节点 v_i 到节点 v_j 的乘车需求；$\alpha_{v_i v_j}^{h}$ 为 0-1 变量，如果在线路 h 上节点 v_i、v_j 直接相连，则取 1，否则取 0；$l_{v_i v_j}$ 是节点 v_i 与 v_j 之间的线路距离。

2.2.1.3 社会角度

现如今，各大城市都在整合资源，控制污染排放，公交系统也正在积极地置换新能源公交汽车，现行的公交车能源种类及各个城市的车型占比更是纷繁复杂，在此将不考虑能源及排污问题。另外一个重要角度是公交系统所承担的政府的社会职能，即要满足乘客的乘车需求；也就是线网的覆盖率要高，尽量覆盖每一条道路网路，具体如下。

$$\text{maxLC} = \frac{\sum_{i=1}^{r} l_r - l_k}{\sum_{i=1}^{n} \sum_{j=1}^{n} C_{v_i v_j} \cdot l_{v_i v_j}} \tag{2-13}$$

上式中，分子表示实际公交线路长度（除去重复部分），分母表示道路网路总长度。其中，l_r 表示第 r 条线路的长度；l_k 表示线路重叠部分长度；$C_{n \times n}$ 是一个 $n \times n$ 的连接矩阵，如果节点 v_i 和节点 v_j 之间存在边，那么

$C_{v_i v_j} = 1$，否则 $C_{v_i v_j} = 0$。为了方便通过算法得到最优解集，在此将线网覆盖率作为约束条件加入模型中。综上所述，得到最终的多目标模型。

$$\min CP = \frac{\sum_{i=1}^{n} \sum_{j=1}^{n} D_{v_i v_j} \cdot t_{v_i v_j}}{\sum_{i=1}^{n} \sum_{j=1}^{n} D_{v_i v_j}}$$

$$\min OE = \frac{\sum_{i=1}^{n} \sum_{j=1}^{n} D_{v_i v_j}}{\sum_{h=1}^{r} \sum_{i=1}^{n} \sum_{j=1}^{n} \alpha_{v_i v_j}^{h} \cdot l_{v_i v_j}} \qquad (2\text{-}14)$$

满足

$$\bigcup_{i=1}^{|R_i|} V_{R_i} = V \qquad (2\text{-}15)$$

$$m_1 \leqslant r \leqslant m_2 \qquad (2\text{-}16)$$

$$p_1 \leqslant |V_{R_i}| \leqslant p_2 \qquad (2\text{-}17)$$

$$\frac{l_r}{d_r} \leqslant \left[\frac{l_r}{d_r}\right]_{\max} \qquad (2\text{-}18)$$

$$\frac{\sum_{i=1}^{r} l_r - l_k}{\sum_{i=1}^{n} \sum_{j=1}^{n} C_{v_i v_j} l_{v_i v_j}} \geqslant \left[\frac{\sum_{i=1}^{r} l_r - l_k}{\sum_{i=1}^{n} \sum_{j=1}^{n} C_{v_i v_j} l_{v_i v_j}}\right]_{\min} \qquad (2\text{-}19)$$

式（2-15）意为 V 中包括的所有节点都应至少在 R 中的一条线路中出现；式（2-16）意为每组 R 中所包括的线路条数（即 r）应该大于 m_1，小于 m_2（m_1、m_2 应该根据乘客需求和公交车数量决定）；式（2-17）意为每条线路所包含的节点数应该大于 p_1，小于 p_2（p_1、p_2 应该根据驾驶员的疲劳程度和维护时间表的难易程度来衡量）；式（2-18）意为根据《城市道路交通规划设计规范》（GB 50220—1995）中的要求，线路非直线系数应控制在 1.4 以内，其中 d_r 表示第 r 条线路首末站点的空间直线距离。

同时要假设任意两点的需求都有足够的车辆来满足；不考虑票价的影响；线路不包括环和回路，即每条线路和自身不重合；为简化模型，在研究中，假设两点间的交通需求为出行平均值；任何可行的线路集都是一个连通的网络，即从任何一个节点出发，无论是否换乘都能到达任意一个节点。

2.2.2 改进的多目标算法

本节的多目标算法是基于 Mumford 团队提出的多目标优化算法 (SMO)[8]。在算法中，线路组种群的初始化仍然采用之前介绍的方法，增加交叉算子，改进种群多样性。首先，建立初始线路组集合，然后对每一个线路组运用交叉操作和消除冗余操作，创建各自的"下一代"线路组（后面将称之为子线路组）。随后算法将对这些子线路组进行考察。

2.2.2.1 线路组初始化方法

在改进的多目标优化算法（ISMO）中，线路组种群的初始化仍然采用之前介绍的方法。该方法能快速生成一组公交线路，而且减少不可行解产生的概率，使初始化方法较为有效。但在择优录用时，由于存在两个目标函数，不好直接确定其优劣，这里引入功效系数，辅助判断目标函数的优劣。功效系数法是为每一个分目标函数 $f_k(x)$ 都分配一个功效系数 η_k（$0 \le \eta_k \le 1$），通过此系数来表示该项指标的好坏。它规定：$\eta_k = 1$ 时，表示第 k 个目标函数的效果最好；$\eta_k = 0$ 时，表示第 k 个目标函数的效果最差。它还定义第 k 个目标在设计点 $X^{(i)}$ 的功效系数为

$$\eta_k = \frac{f_{kmax}(X) - f_k(X^{(i)})}{f_{kmax}(X) - f_{kmin}(X)} \tag{2-20}$$

其中 $f_{kmin}(X)$ 和 $f_{kmax}(X)$ 是 $f_k(X)$ 在约束条件下的极小值和极大值。

多目标问题的一个设计方案的好坏程度用各功效系数的平均值加以评定，即用总的功效系数的大小来评价该设计方案的好坏。其式子如下。

$$\eta = \sqrt[q]{\eta_1 \eta_2 \cdots \eta_q} \tag{2-21}$$

其中，q 为目标个数。显然，最优方案应是 $\eta \to \max$。当 $\eta = 1$ 时，表示取得最理想方案；反之，当 $\eta = 0$ 时，表示这种方案不可行，也表明必有某项分目标的 $\eta_k = 0$。功效系数法虽然计算复杂繁琐，但效果较明显，能够直观地看出结果的好坏且调整容易。无论目标多少以及方向、量级和量纲如何，最终都转化为 0~1 的数值。

据此，可以将目标函数作如下处理。

$$\begin{cases} \min CP \\ \min OE \end{cases} \tag{2-22}$$

当 CP 越小越好时，令

$$\eta_{CP} = \begin{cases} 1, & CP = CP_{min} \\ 0, & CP = CP_{max} \end{cases} \tag{2-23}$$

则 CP 的功效系数为

$$\eta_{cp} = 1 - \frac{CP - CP_{min}}{CP_{max} - CP_{min}} \tag{2-24}$$

当 OE 越小越好时，令

$$\eta_{OE} = \begin{cases} 1, & OE = OE_{min} \\ 0, & OE = OE_{max} \end{cases} \tag{2-25}$$

则 OE 的功效系数为

$$\eta_{OE} = 1 - \frac{OE - OE_{min}}{OE_{max} - OE_{min}} \tag{2-26}$$

总的功效系数为

$$\eta = \sqrt{\left(1 - \frac{CP - CP_{min}}{CP_{max} - CP_{min}}\right)\left(1 - \frac{OE - OE_{min}}{OE_{max} - OE_{min}}\right)} \tag{2-27}$$

即，将问题的目标函数最终转化为 η 越大越好。

2.2.2.2 交叉算子

由于线路组的产生代价是很大的，且不容易出现可行的线路组，因此必须对线路中增加或删除节点以及节点的互换采取一定的方式，尽量避免造成线路组的不可行。较大规模的随机变化会造成线路组连接性的破坏，即使是一个很小的变化也可能影响整个线路组的可行性。正是由于此原因，本研究中将谨慎地对待每一次变换。

此步骤将对上面产生的初始线路集进行优化。交叉算子是运用在一组线路集中的。首先在线路集中随机选择一条路，然后随机生成一个介于当前线路节点个数范围中间的数值作为索引位置（从 2 开始，交叉时不选择首尾位置），识别此位置上的点的名称，找到包含此点的其他线路。如果有多条包含相同节点的线路，就随机选择一条；如果只有一条，那么就是此条；如果没有，再重新生成索引位置。之后交换相同节点后面的部分，得到两条新的线路作为后代。但是要判断每条路是否满足线路包含点数的最大值和最小值，如果有一个不满足，就重新执行内部交叉。例如：在初

始线路集中随机选择一条线路-3-8-5-7-2-9-11（8 个位置）；随机生成
2~7 之间的索引位置，如 5；在其余线路中搜索包括 7 这个点但不在线路
尾的线路，如找到 2-8-4-7-3 和 4-7-12-9；随机选择一条线路，如 4-
7-12-9，交换 7 之后的部分，形成新的两条路（1-3-8-5-7-12-9 和 4-
7-2-9-11）；判断每条路是否满足最大数和最小数，如果有一个不满足，
就重新执行内部交叉程序。图 2-10 用示例演示了整个操作的主要流程。
交叉算子的伪代码见表 2-7。

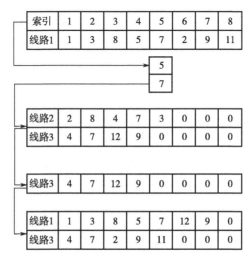

图 2-10　交叉举例

表 2-7　交叉算子的伪代码

交叉算子
1：while 没有产生合格的结果
2：　　随机选择一条线路
3：　　随机生成索引位置
4：　　识别当前位置站点名称
5：　　在当前线路组中找到包含此点的其他线路
6：　　if 存在多条线路，随机选择一条
7：　　elseif 只存在一条线路，就选此条
8：　　elseif 不存在包含此点的其他线路，重新生成索引位置
9：　　交换相同节点后面的部分得到新的两条路
10：　if 两条路满足有效条件，就保留结果
11：　else 重新执行
12：end

2.2.2.3 线路组寻优方法

在通过初始化方法得到初始线路组集合后，通过交叉操作得到子线路组。如果子线路组与原线路组重复，则将其删除；否则检验这个子线路组的两个目标值是否有一个优于目前存在的最好值，如果具有一个这样的值，则用这个子线路组替代原线路组并将目前存在的最好值更新。如果不存在以上情况，则检验这个子线路组是否支配原线路组（这里是指子线路组的两个目标函数值均优于原线路组），如果存在，则用这个子线路组替代原线路组；否则，继续检验这个子线路组是否与原线路组互不支配（这里是指子线路组和原线路组的目标函数值中各有一个优于对方），如果存在，则在集合中找到一个能被这个子线路组支配的线路组并将其替代。经过以上过程的循环执行，当达到设定的迭代次数时，可以由多目标优化算法获得一个新的互不支配的线路组集合。此算法的基本结构见表2-8。

表2-8 改进的多目标算法的伪代码

ISMO
1：生成可行的初始种群
2：计算每个线路组的两个目标
3：为两个目标记录"目前最优值"
4：for
5： 对种群中的每一个线路组应用交叉算子产生一个可行的子线路组
6： if 子线路组是重复的
7： 删除子线路组
8： elseif 子线路组能够改进目标函数中任意一个"目前最优值"
9： 用这个子线路组替代原线路组，同时更新"目前最优值"
10： elseif 子线路组能够支配原线路组
11： 用这个子线路组替代原线路组
12： elseif 子线路组与原线路组互不支配
13： 在集合中找到一个能被这个子线路组支配的线路组并替换它
14：end 达到迭代次数
15：print 一个互不支配的线路组集合

2.2.3　实证研究

在本节的实验中，首先运用改进的多目标优化算法对 Mandl 瑞士小镇网络进行测试，再将实验结果与 2.1.3 节实验所得结果进行比较。其次，测试 Mumford 的 3 个不同规模网络，并通过计算所获线路组的参数值与乘客理想出行状态进行比较，进一步评估改进的多目标优化算法的表现。最后，构建一个数据生成程序，通过模拟现实网络进行实验。

2.2.3.1　Mandl 交通网络实验

考虑 4 种不同线路组组成情况，即 4 条线路、6 条线路、7 条线路和 8 条线路，每条线路的节点个数仍设置为 2~8 个，初始线路组集合设置为 200，4 种情况的迭代次数分别为 1000、3000、4000、5000。每次实验最后，都能获得一个能平衡乘客出行时间和线路个人分摊成本互不支配的线路组集合。表 2-9 展示的是一组折中的线路组，将其与之前的结果进行对比，可以发现，线路整体变短了，这是由于平衡了目标二之后，要考虑减少公交公司的成本。

表 2-9　多目标优化算法在 Mandl 网络所获线路组及对比

线路条数	最少乘客出行时间线路组	多目标折中线路组
4	6-4-12-11-10-7-15-9	5-4-6-15-7
	13-14-10-8-6-3-2-1	14-13-11-10-8-6-4-5
	10-13-11-12-4-5-2-1	1-2-3-6-8-10-11-12
	7-15-8-6-4-5-2-3	10-7-15-9
6	3-6-4-5-2-1	10-8-6-4-5
	1-2-5-4-12-11-10-7	10-14-13
	12-11-10-8-6-3-2-1	4-2-3
	1-2-4-12-11-10-14-13	2-3-6-15-7
	5-4-2-3-6-8-15-7	9-15-7-9
	14-13-11-10-8-15-9	1-2-3-6-8-10-11-12
7	13-11-10-7-15-8-6-4	9-15
	14-13-11-12-4-6-15-9	10-8-6-4-5-2-3
	2-3-6-8-10-7-15-9	12-11-10
	3-2-5-4-12-11-10-8	8-6-15-9
	13-14-10-8-6-3-2-1	3-2-4-12
	1-2-4-12-11-13-10-7	9-15-7-10-13-14
	1-2-5-4-6-8-15-9	3-6-15-7-10

续表

线路条数	最少乘客出行时间线路组	多目标折中线路组
8	1-2-3-6-15-9 9-15-7-10-8-6-4-5 3-6-4-5-2-1 8-15-7-10-14-13-11-12 2-4-12-11-10-7-15-9 13-14-10-11-12-4-5-2 10-7-15-8-6-3-2-1 13-11-12-4-6-3-2-1	10-14-13 2-5 9-15-8-6-3-2-4-5 13-11-12 15-7-10-11-12 14-13-11-10-8-6-4-12 7-15-8-6-3-2-1 1-2-3-6-8-10-13

表 2-10 给出了上述两种方法的评估参数值，这里增加了线路组中所有线路的总长度 L，单位为分钟，目的是更直观地对比出两种方法的区别。可以看出，多目标方法所产生的线路组在换乘比例、乘客出行时间等方面的表现不如单目标方法，但在线路成本上要比单目标方法好 34.4% ~ 54.5%。产生这样的结果是合理的，因为考虑了目标二后，必然会使目标一有所衰减。总的来讲，多目标方法对 Mandl 网络的测试获得了不错的实验效果。

表 2-10　Mandl 网络实验评价参数结果对比

线路条数	评价参数	单目标最优	多目标较优
4	d_0	96.53	76.72
	d_1	3.47	10.34
	d_2	0.00	12.94
	ACP	10.43	12.55
	L	154	101
6	d_0	97.50	81.43
	d_1	2.50	11.38
	d_2	0.00	7.19
	ACP	10.20	11.62
	L	207	112

线路条数	评价参数	单目标最优	多目标较优
7	d_0	99.55	80.12
	d_1	0.45	10.83
	d_2	0.00	9.05
	ACP	10.03	11.89
	L	266	121
8	d_0	99.81	78.66
	d_1	0.19	9.45
	d_2	0.00	11.89
	ACP	10.02	12.15
	L	278	143

图 2-11 展示了 Mandl 网络在 6 条线路的条件下，使用改进的多目标优化算法（ISMO）以及 SMO 获得的两组互不支配的线路组集合的目标函数分布情况。横坐标是乘客的平均出行时间，纵坐标是线路个人分摊成本。从图中可以清楚地看到，所有线路组的目标函数值均匀分布在一定值域范围内。当纵坐标值较大且不变时，也就是线路个人分摊成本较大且一定时，优化后的算法能够保证更少的乘客平均出行时间，说明本研究中的 ISMO 算法在此时优于 SMO 算法。但随着乘客平均出行时间的增多，SMO

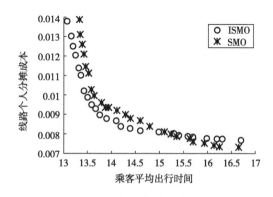

图 2-11 目标函数值分布对比图

51

算法能够保证较低的线路个人分摊成本。两种算法各有优劣，但从最优解集的整体上看，ISMO 的效果要更好一些。

2.2.3.2 Mumford 交通网络实验

这里同样采用前面提到的 Mumford 的 3 个网络进行实验。对于每种情况，记录 10 次运算的结果，同时将初始线路组集合的规模定为 100，每次实验算法的迭代次数为 200。相比于 Mandl 网络的实验，设定了较小的集合规模和迭代次数，主要是为了避免运行时间过长。同样地，最终结果也会和采用改进花授粉算法得到的单目标结果进行对比。另一方面，也将所获得的实验值同网络中乘客的理想出行时间进行比较，从而评估线路组的质量。具体结果见表 2-11。

表 2-11 Mumford 网络实验评价参数结果对比

网络编号	评价参数	单目标最优	多目标较优
Ⅰ	d_0	65.06	55.43
	d_1	34.94	32.14
	d_2	0	10.77
	ACP	20.91	24.32
	L	2036	1335
Ⅱ	d_0	43.67	38.56
	d_1	56.33	55.89
	d_2	0	9.35
	ACP	28.16	32.41
	L	4521	3023
Ⅲ	d_0	53.72	48.76
	d_1	46.28	49.52
	d_2	0	1.72
	ACP	29.71	33.13
	L	5581	3952

可以看出，多目标方法所产生的线路组在换乘比例、乘客出行时间等方面的表现不如单目标方法，但在公交公司运营效益上却比单目标方法要好 29.19%～34.43%。产生这样的结果是合理的，因为考虑了目标二和目标三后，必然会使目标一有所衰减。但产生的线路组更贴合实际，在保证乘客出行权益的前提下，对社会总体出行成本极大缩减。总的来讲，多目标方法对 Mumford 网络的测试也获得了意料之内的实验效果。为了更好地比较算法的扩展性，在此计算了 3 个网络的乘客出行时间理想状态值，即不考虑公交线网的状态和换乘的情况下乘客从一点到另一点的理想出行时间。乘客理想出行时间与实验数据的对比用差距百分比进行表示，具体如下。

$$\mathrm{ACP}_{\text{差距}} = \frac{\mathrm{ACP}_{\text{实验}} - \mathrm{ACP}_{\text{理想}}}{\mathrm{ACP}_{\text{理想}}} \times 100\% \qquad (2\text{-}28)$$

在表 2-12 中展示了乘客理想出行时间与实验出行时间的差值对比。出行时间差值在不同的网络中表现为 5 分钟左右，差距在 19%～25% 不等，处于乘客的接受范围内。

表 2-12 乘客理想出行时间与实验数据对比

网络编号	实验出行时间（分钟）	理想出行时间（分钟）	出行时间差值（分钟）	出行时间差距（百分比）
Ⅰ	24.32	19.54	4.78	24.46%
Ⅱ	32.41	26.69	5.72	21.43%
Ⅲ	33.13	27.80	5.33	19.17%

2.2.3.3 扩展

1）数据生成程序

出于增加基准研究数据的考虑以及满足我们研究的需要，我们设计并开发了一个数据生成程序。通过输入节点和连接边的数量，它能够在一个封闭的矩形框架中模拟出具有实际特征的交通道路网络，同时程序能确保网络的连通性。另外，每个节点之间的交通需求量也能在给定的数值范围内随机获得。最后，所得的交通需求量矩阵以及出行时间（或距离）矩阵将以文件的形式存储，以备进一步使用。扩展实验是使用自编的网络生成工具生成有着规定的站点数、连接线路数的网络。

　　数据生成程序的最主要目的在于根据使用者设定的参数，得出近似实际的道路网络数据。其原理如下：首先，我们限定道路网络在一个由用户设定的长度和宽度的封闭矩形边界内，而其他信息（如道路网络中节点的数量以及节点直接连接边的数量等）都需要用户自行输入。节点的数量和连接边的数量是确定道路网络复杂度的重要因素。除了由用户控制这两个因素外，其他工作均由程序自动完成，例如自动对节点在设定区域内进行分布以及安排节点之间的连接边等。同样地，对于总的交通需求量可以由用户设定，而具体到两点间的交通需求量的确定则由程序自行完成。具体来讲，程序根据用户输入的交通需求量的值域范围，自动给定一个界内值分配到两两节点之间。总之，通过数据生成程序，可以使研究人员模拟一定范围内的实际道路网络情况，并得到相应的通行时间（或距离）以及交通需求量等数据。在软件设计中，我们假定道路网络必须是连通的，但本研究的主要思路是通过随机分布节点位置以及安排连接边建立道路网络结构。因此，如果不能合理地选择操作方法，就不能确保创建网络的连通性。本书选取建立最小生成树的方法作为程序的基本方法。首先，按照建立最小生成树的规则对节点进行创建，然后通过随机的形式添加额外的连接边，但应限制每个节点的最多连接边数量，从而达到初始的设定要求，完成网络的创建。具体步骤见表 2-13。

表 2-13　数据生成程序的伪代码

数据生成程序

1：输入参数。X、Y、Min_D、Max_D、N、E_Link

2：根据 X、Y 的值，创建一个矩形区域

3：在此范围内随机分布 N 个节点

4：在限定值域内为网络中的两两节点随机分配交通需求量

5：利用 Prims 算法找到最小生成树

6：利用找到的最小生成树形成模拟网络的基本结构

7：do

8：　在最小生成树网络中随机选取一个节点

9：　if 此节点与最小生成树中其他节点之间存在除已有的最短的连接边

10：　　在网络中加入此边

11：　else 选择另一个节点

续表

数据生成程序
12：until 达到 E_Link 的数量 13：输出模拟道路网络、时间（距离）矩阵、交通需求量矩阵

其中：X 轴和 Y 轴的初始值为（0，0）；X 和 Y 的值在程序中分别作为封闭矩形的 X 轴和 Y 轴的终点值；Min_D 和 Max_D 确定了交通需求量的值域；N 为节点数量；E_Link 为需要增加的额外边的数量。

2）扩展实验

在数据生成工具成功编写后，我们调查了河北省唐山市的公交网络现状。唐山市现行公交系统由唐山市公共交通总公司管理，公司下辖机关职能部室 30 个，有 7 个营运分公司和 5 个三产单位。截止到 2018 年 6 月，公司现有职工 6377 人，拥有公交车辆 2130 部，管辖公交线路 144 条，线路总长度 2233.4 公里，年服务乘客 1.98 亿人次，年行驶里程约 9208 万公里，每天运行 1.73 万个班次，建立了以唐山市中心区线路网为骨干，周边区域网为补充，连接城乡、覆盖全市、布局合理、乘车方便快捷的城市公共交通网络。参考河北省唐山市，我们模拟并建立了一个类似的网络，取名网络Ⅳ；它拥有 530 个站点、1 590 个边缘和 144 条线路，如图 2-12 所示。每日乘客的需求为 542 466，公交站的数量为 16~38 个。

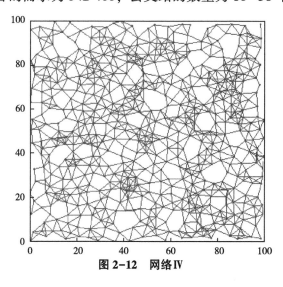

图 2-12　网络Ⅳ

　　算法的迭代次数为 100 次，取 10 次实验的最佳结果。结果如下：直达率为 30.2%（优于目前的 28.7%），需要一次换乘到达目的地的比例为 49.8%，平均出行时间为 59.96 分钟。算法的运行时间为 25 874 秒。这说明，本研究所提出的公交线路设计策略对现实中的城市公交线路设计也有一定的价值。

3 启发式算法在机场巴士网络优化问题中的应用

本章从两个方面研究机场巴士网络优化问题。一是以客流量最大为目标的巴士线路设计——将给出机场巴士线路设计问题的数学模型,包括问题的描述、约束条件、目标函数及评价模型;改进果蝇算法,包括初始集的构建和进一步优化;最后进行实验,验证方法有效性。二是以满足乘客最少出行时间为目标的机场巴士时刻表设计——将给出机场巴士时刻表设计问题的数学模型;进一步改进果蝇优化算法;最后进行实验,验证方法有效性。

3.1 机场巴士线路设计

机场巴士作为公共交通的一种形式,其线路设计问题与城市公交线路设计有共同的基础依据,但是机场巴士服务的群体、线路轨迹、运行方式与传统的城市公交存在一定差距。因此在机场巴士线路设计问题中,我们将在传统公交线路设计的基础上,根据机场巴士的实际情况构建模型。机场巴士线路设计问题不是一个单一线路问题,而是满足某一地区航空交通需求的所有线路的组合设计和优化问题,是一个 NP-hard 问题。它要求在已有的道路网络和站点基础上规划巴士线路,满足旅客出行密度的同时,使机场巴士运行效率更高;同时,还需要保持线路集的有效性(部分连通),即乘客从任何一个站点出发,都能到达机场,此处区别于传统公交线路必须全连通的特性。在本研究中,我们首先将问题抽象为数学模型,主要关注机场线路设计问题,并构建目标函数及相关限制条件与假设。

3.1.1 机场巴士线路设计问题的数学模型

3.1.1.1 问题描述

机场巴士可达的乘客需求指标可用巴士的乘客量密度来衡量。因机场巴士单线通行的特殊性，故使用单条线路最大客流法进行线路优化。一般传统公交采用断面客流密度最大为目标来进行线路优化，从而平衡客流量和绕行距离之间的关系，以避免为达到最大客流而出现绕行的问题。但是本书所研究的机场巴士线网为轴辐射单线形式，乘客总数量一般呈现逐步增加的形态，因此本书以单线最大客流为目标来建立线路设计模型，打破了断面客流密度无法最优的局限。

如图 3-1 所示，机场巴士线路多呈"轴辐射"分布，站点之间并不是全连通状态，但任何一条巴士线路必汇聚于机场。大型机场的服务范围往往覆盖周边区县，会出现跨市乃至跨省的线路，但一般机场巴士不会出现换乘现象，也不存在下车需求，在途旅客会呈现逐渐增加态势。这是与传统公交线路不同的地方，因此本研究在借鉴公交网络设计方法的基础上，结合机场巴士线路实际需要进行设计方法的改进。图 3-2 为优化设计后的机场巴士网络。

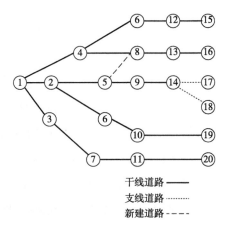

干线道路 ——
支线道路 ·········
新建道路 ----

图 3-1 简化的机场巴士网络

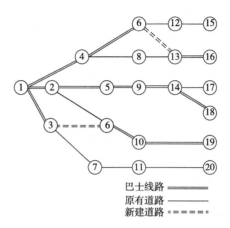

巴士线路 ========
原有道路 ————————
新建道路 ======

图 3-2 优化设计后的机场巴士网络

机场巴士传输网络由无向图 G（V，E）表示，其中站点集合 V = $\{x_1, x_2, \cdots, x_n\}$ 表示乘客的乘车地点（巴士站点），连接边 E = $\{e_1, \cdots, e_m\}$ 表示两个站点之间的直接交通道路。一条线路在路径组中可以表示为 $r_a = (x_{i1}, \cdots, x_{in})$，其中 $i_k \in \{1, \cdots, n\}$，因此路径组表示为 R = $\{r_a : 1 \leq a \leq N\}$。在邻接矩阵表示方式中，G 为一个 $N \times N$ 的矩阵，其中，若巴士站点 i 能够到达站点 j，则 $e_{ij} = 1$；若不能到达，则 $e_{ij} = 0$。$D_{n \times n}$ 为 OD 需求矩阵，$D_{x_i x_j}$ 表示节点 x_i 到节点 x_j 的乘车需求。$T_{n \times n}$ 为站点间的通行时间矩阵，$T_{x_i x_j}$ 表示节点 x_i 到节点 x_j 的乘车时间，但需要注意的是，整个矩阵 T 是根据连接矩阵 G 过滤后的矩阵，如果两个节点没有直接相连，那么它们的通行时间为无穷大。其中 n 表示网络节点的个数，$i, j \in [1, 2, \cdots, n]$。

最后研究结果所获得的一组解决方案即机场巴士线路组表示为 R = $\{R_1, \cdots, R_r\}^T$。在这个矩阵中，每一行表示一条线路，每个元素表示站点，每一条线路的站点按顺序排列，不足最大站点数量的元素位用 0 补齐。

3.1.1.2 约束条件

在问题研究开始之前，为保证产生的线路集有效，先对问题进行约束，明确本研究中的细节。不考虑机场巴士站点的实际地理经纬度。在本研究中，将站点组成的网络抽象成二维网络，只保存站点的连接关系和距离。不考虑特殊自然条件下的乘客数量大幅度变动，如雷雨天气、节假日、大型活动交通管制等影响。机场巴士由于其单目的地的特点，因此本线路规划中不考虑线路的环和回路。本研究属于基础研究，因此本阶段研究假设车辆充足，暂不考虑发车频次限制，在后续研究中会进一步考虑发车频次的限制。机场巴士线网不同于公交线路多路径且多选择的特性，因此本书路网规划研究模型多基于潜在出行乘客数量需求，暂不考虑乘客换乘意愿。假定机场巴士运营速度不变，即不考虑天气、道路堵塞等原因对运营时间的影响，在此假设下，站点之间的连通时间表即距离表。所研究的时间段内交通需求不发生变化。

3.1.1.3 考虑客流密度的函数模型

在本部分机场巴士线路设计问题中，考虑到大兴机场巴士线路尚未开通，且客流尚不稳定，正在逐步增加，目前没有过多线路设计参考，但可能会因最大客流的目标而增加绕行，因此机场巴士线路设计模型主要以满足乘客最大出行为目标函数，以最大可能满足机场客流增长需要。但是仅考虑最大载客量容易造成线路过长，可能会因最大客流的目标而增加绕行，从而导致乘客出行时间过长，因此我们仍需要考虑线路距离约束。综上，巴士线路规划模型以线路客流密度最大为目标，线路长度和站间距范围为约束条件，d_{ij} 和 α_{ij} 为定义的决策变量。

$$d_{ij} \begin{cases} 1, & i、j \text{ 为任意两个站点，且有 } i \to j \text{ 的机场巴士线路} \\ 0, & \text{其他} \end{cases}$$

$$\alpha_{ij} \begin{cases} 1, & i、j \text{ 为相邻站点，且机场巴士线路经过路段}(i, j) \\ 0, & \text{其他} \end{cases}$$

$$\max Z = \frac{\sum_{i=1}^{n} \sum_{j=1}^{n} q_{ij} d_{ij}}{\sum_{i=1}^{n} \sum_{j=1}^{n} l_{ij} \alpha_{ij}} \tag{3-1}$$

满足

$$\sum_{j=1}^{n} d_{ij} \leq 1, \ j = (1, 2, \cdots, n) \tag{3-2}$$

$$\sum_{j=1}^{n} \alpha_{ij} \leq 1, \ j = (1, 2, \cdots, n) \tag{3-3}$$

$$\bigcup_{i=1}^{|R_i|} V_{R_i} = V \tag{3-4}$$

$$l_{\min} \leqslant \sum_{i=1}^{n} \sum_{j=1}^{n} l_{ij}\alpha_{ij} \leqslant l_{\max} \tag{3-5}$$

$$k_1 \leqslant r \leqslant k_2 \tag{3-6}$$

$$p_1 \leqslant |V_{R_i}| \leqslant p_2 \tag{3-7}$$

式（3-1）中 q_{ij} 表示从站点 i 流向节点 j 的客流量（人次），l_{ij} 表示站点 i、j 之间的长度（m）；式（3-2）表示任意一点到另一站点的连通情况只能取 1 或 0；式（3-4）意为 V 中包括的所有节点都应至少在 R 中的一条线路中出现；式（3-5）意为设计出的机场巴士线路长度应符合最大、最小巴士线路长度要求；式（3-6）意为每组路径组 R 中所包括的线路条数（即 r）应该大于等于 k_1，小于等于 k_2（k_1、k_2 应该根据乘客需求和巴士车数量决定）；式（3-7）意为每条线路所包含的节点数应该大于等于 p_1，小于等于 p_2（p_1、p_2 应该根据驾驶员的疲劳程度和维护时间表的难易程度来衡量）。

3.1.1.4 巴士线路组评价模型

为便于与其他研究成果进行比较，本书在采用上述目标函数模型的基础上，使用以下参数来对实验结果进行评估。由于目前有关机场巴士线路规划问题的研究较少，但本书机场巴士线路规划思路的基本特征符合传统公交网路规划的特点，因此本书机场巴士评价模型是在经典公交线路组评价模型的基础上，结合机场巴士的特殊性，重新构造的适用于机场巴士线路规划的具有普适化的模型。

$$S_0 = \frac{d_0}{\sum_{i=1}^{n} d_i} \tag{3-8}$$

$$S_1 = \frac{d_1}{\sum_{i=1}^{n} d_i} \tag{3-9}$$

其中，S_0 为新建道路占总道路数量的百分比；S_1 为已有道路占总道路数量的百分比。d_0、d_1 分别为规划道路组中需要新建的道路数量和已有的道路数量。

为进行研究比较，在评价阶段，使用 S_0 和 S_1 进行结果对比分析，但是基于新建道路的成本花费是机场运营方面应减少的需求，因此本书引入新建道路惩罚系数，突破了最大客流模型或最短路径模型选取巴士线路的局限。

$$maxZ = \frac{\sum_{i=1}^{n}\sum_{j=1}^{n}q_{ij}d_{ij}}{\sum_{i=1}^{n}\sum_{j=1}^{n}l_{ij}\alpha_{ij}} + \frac{1}{S_0\varepsilon} \qquad (3-10)$$

其中 ε 为新建道路惩罚系数。

3.1.2 改进的果蝇优化算法和机场巴士线路设计方法

机场巴士的线路设计问题可以看作优化问题，找到最优的连通网络是一个随着站点增多而复杂度迅速增加的 NP-hard 问题。当前在线路设计方面的群体智能算法一直是学术界的研究热点，遗传算法、粒子群算法、模拟退火算法等都可以很好地用来解决线路设计问题，但这些算法原理较为复杂，参数众多难调，在解决线路设计问题时，会增加运行空间维度，且所设计出的线路易出现冗余现象。

吴小文等人[122]把果蝇算法和其他 5 种群体智能算法进行了寻优性能比较，发现果蝇优化算法有寻优机制简单、控制参数少、收敛快、易于理解等优点，且该算法目前已应用于多领域，取得了不错的效果。但是果蝇优化算法在应用到某些领域时，也会出现一些不足：果蝇算法寻优过程中的味道浓度判定函数（ $S_i = 1/\sqrt{x_i + y_i}$ ）只能取正数，限制了算法寻优的全面性；且果蝇算法也存在与其他群体智能算法相类似的问题，易陷入局部最优，出现寻优后期收敛速度变慢、收敛精度变低等问题。本研究针对果蝇算法存在的缺陷，侧重于进化策略改进，在路径优化问题中采用的改进策略取得了很好的效果。本书机场巴士线路设计也属于 NP-hard 问题，因此本书在路径优化部分参考其路径组初始化方法，在此基础上进行下一步改进。图 3-3 为改进的果蝇算法的流程图。

3.1.2.1 路径组初始化方法

就解决机场大巴设计问题来说，原始果蝇优化算法的初始化策略为整个环境空间范围内随机初始化，大范围的随机初始化在运行时产生的初始

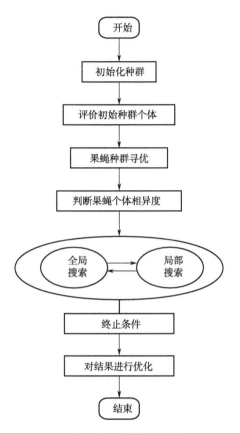

图 3-3 改进的果蝇算法的流程图

种群位置与最优解可能偏离较大，而越接近最优值的初始化种群可使算法收敛速度更快且在相同迭代数的情况下精度更高。因此，这里采用在起点终点坐标范围内随机初始化[26]，使初始化范围缩小，使得初始化值更接近最优解，增加算法的收敛速度和精度。

路径组初始化就是要随机筛选线路建立初始路径组，初始化的路径组需要满足下面几个基本条件：①根据用户设定的参数进行线路规划。参数包括站点之间距离（时间）矩阵、需要的线路总条数、每条线路最大站点数与最小站点数。②所得到的初始化线路需要满足上文中机场大巴线路组设计的限制条件，在保证线路连通的前提下，不存在回路和循环，也不存在重复路径和包含路径。具体的路径组初始化方法见表 3-1。

表 3-1　初始路径组筛选方法

路径组初始化方法

参数设定并开始：设定所需路径数，设定路径中最大站点数与最小站点数，开始

while 循环（1）变量 flag=0，主循环（路经组筛选）以设定所需路径数作为判断

while 循环（2）变量 flag1=0（单条路径筛选）

线路起点选择：

如果是第一次执行，随机选择一个点作为第一条线路起点

否则，在之前已生成线路中随机选择一个非起点的点作为新线路的起点，存储该随机筛选的点在二维数组此行第一个位置，作为该线路下一步选择的"上一站点"

内部循环（下一站点选择）

下一站点选择：建立临时数组空间存储"上一站点"能够到达的所有站点集合

如果集合不为空：随机选择一个站点作为该路径中下一站点

如果集合为空：跳出该条路径筛选

重复下一站点选择过程，直至新站点的能够到达站点集合为空，或线路站点数量已达线路最大站点数

停止（站点筛选结束）

判断：筛选出的该条线路站点数是否大于等于最小线路站点数

是，判断是否是第一条线路

是，flag1=1，直接进入下一条线路筛选

否，判断生成线路是否包含或被包含已有线路

是，如果是包含以前已有线路，替换掉以前线路，如果被包含，删掉

否，flag1=1，进入下一条线路筛选

否，直接删掉

while 循环（2）结束

判断：已生成路径组是否已涵盖所有站点

是，flag=1，路径组筛选结束

否，删掉已生成路径组，重新进行循环

while 循环（1）结束

输出初始路径组

计算评价参数和目标函数

　　在本设计中，采用随机选择下一站点的方式建立初始路径组，不采用之前很多学者采用过的直接生成线路集并从线路集中挑选线路进行路径组的优化筛选的方法，因为这种先生成线路集然后从中挑选的方法存在未被考虑到的站点连接方式，故选择随机选择下一站点的方式，使得所有站点连接方式都有被选择的可能性。另外，本设计中所生成的初始路径组具有一定的优势，在线路组筛选的过程中，进行了线路长度是否满足条件、线

路是否重复、线路组是否涵盖所有站点的判断，以及针对每种情况进行了相应的处理，以求得到的初始路径组更合理。每条线路的起始点都是从已生成线路中挑选，以此保证本设计生成的初始路径组连通可行。

3.1.2.2　初始线路集优化

在果蝇算法的迭代优化中，我们需要对路径组进行合适有效的变换，因为在上部分路径组生成过程中，本书采用的是随机生成方法，所以容易出现线路组不可行的现象，因此在对线路组进行变换的过程中需要采取一定的规则对线路组进行合理的优化，尽量避免线路的不可行。在本研究中，将谨慎地对路径进行站点的交叉，以提高果蝇种群的多样性，并在每次变换后进行可行性检验已确保线路组的可行。此步骤将对上面产生的初始线路集进行优化。

果蝇个体之间是具有相似性和差异度的，同样在线路组的初始化过程中，会出现多条线路包含一个或多个相同的站点。交叉过程被运用在一组线路集中。首先在线路集中随机选择两条线路，然后判断两条线路的差异度，识别两条线路是否有相同的站点，若有则以相同点为基准，进行线路交换。但是要判断每条路是否满足线路包含点数的最大值和最小值，如果有一个不满足，就重新执行内部交叉。例如：如图3-4所示，在初始线路集中随机选择两条线路，如1-2-3-4-6-8-10-12（8个位置）和1-5-6-8-9-13-14；发现两条线路有两个相同的点（忽略首位和末尾；若只有一个相同点，就以此点为基准变换；若存在多个，则随机选取一个点），其值分别是6和8，则随机在两个点中选择一个（如选择6），以此为基准，交换6前后的路径，形成新的两条线路（1-2-3-4-6-8-9-13-14和1-5-6-8-10-12）；判断每条路是否满足最大数和最小数，如果有一个不满足，就重新执行内部交叉程序。

3.1.2.3　可行性检验方法

生成路径组后，路径组可行性检验是个必不可少的环节。在初始路径组生成后，由于初始路径组筛选方法中的判断选择，生成的路径组一定可行，无须进行可行性检验。但经过路径组变换后，所有路径组是否依然可行存在很大挑战。最重要的可行性检验判断标准是这个路径组的线路之间

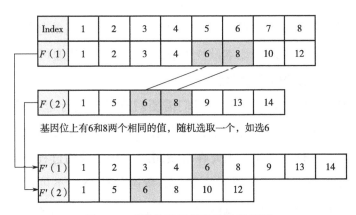

图 3-4　改进的果蝇算法的流程示例

是否连通，并且是否包含站点矩阵中所有的点，这是满足乘客需求最基本
的要求。关于乘客从任意一点出发，是否能够到达自己想要到达的机场，
若线路组不连通，则此需求无法满足；即路径组中每一条线路至少要与其
他线路有一个交点。图 3-5（a）是一个可行的路径组，图 3-5（b）中包
含 5 个点的线路与包含 7 个点的线路不互通，即这些点相互之间不能提供
乘客的交通需求。路径组可行性检验思路如表 3-2 所示。

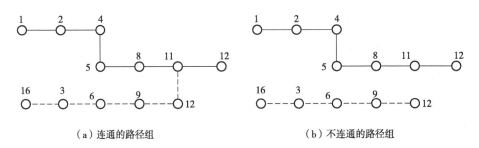

（a）连通的路径组　　　　　　　　　　（b）不连通的路径组

图 3-5　连通网络与不连通网络

表 3-2　路径组可行性检验思路

路径组可行性检验方法

输入：待检验线路组 C_net、站点总数 N

初始化：创建存储已找到能连接站点的矩阵 Fd_point = zeros（1，N）

创建存储已经找过的站点 Ed_point = zeros（1，N）

判断变量 feasibility_C = 0

随机选择一个站点 search_point，标注 Ed_point（1，search_point）为 1，将点 search_point 标注到 Fd_point（1，search_point）中
主循环
内循环（寻找路径组中 search_point 所能直接到达的点）
判断：线路中是否包含站点 search_point
是：把线路中包含的所站点标注在 Ed_point 中
停止（路径组中 search_point 所在线路包含点寻找结束）
判断（1）：Fd_point 是否包含所有站点
是，feasibility_C=1，跳出循环
否，判断（2）：Fd_point 是否与 Ed_point 完全相同
是，跳出循环
否，Fd_point 中任选一个点（此点不包括在 Ed_point 中）作为 search_point
停止（主循环结束）
返回 feasibility_C 的值，即 feasibility_C=1 时线路可行，feasibility_C=0 时不可行

3.1.3　实证研究

本章将在北京首都国际机场和大兴国际机场巴士网络运输数据集上进行实验，以验证算法的效率。本节实验包括两部分：北京首都国际机场巴士网络和北京大兴国际机场巴士网络。其中大兴国际机场巴士线路网络有47个节点，其计算结果将与之前的研究结果进行比对。

3.1.3.1　北京首都国际机场巴士网络实验

本书首先使用北京首都国际机场巴士城区网络来对算法进行验证，机场巴士运营情况可从 http：//www.bcia.com.cn/（北京首都国际机场股份有限公司）查询得到。我们还通过跟车调研和实地走访了解了具体运营情况。北京首都国际机场目前共有城区机场巴士线路 16 条，其中 14 条常规运行线路，2 条夜间运行线路。机场巴士运行线路会根据具体路况进行调整，具体运行线路见表 3-3。图 3-6 为北京首都国际机场巴士路线拓扑图。

表 3-3 北京首都国际机场城区机场巴士线路

线路编号	通往城区终点	线路编号	通往城区终点
1	方庄	9	通州
2	北京南站	10	王府井金宝街
3	北京站	16	石景山
4	公主坟	17	燕郊
5	中关村	18	昌平
6	上地、奥运村	19	亦庄
7	北京西站	20	公主坟（夜班车）
8	回龙观	21	北京站（夜班车）

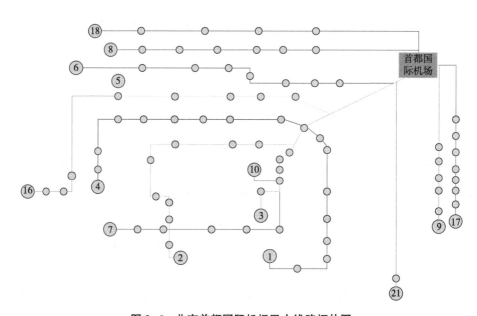

图 3-6 北京首都国际机场巴士线路拓扑图

从图 3-6 和表 3-3 中可看出首都机场巴士城区线路都沿机场高速呈辐射状分布，共有 16 条线路，其中 5 号和 16 号线出现重叠，3 号线和 7 号线出现重叠，其他线路都是单独分布。在本研究中，我们设定单条路径中包含最小站点数为 2（基本要求），最大站点数为 5。为了数据能够与之前学者的结果有对比性，我们需要保持实验的连贯性，因此设定路径组中路径数量为 6，且路径组中需要新建道路的情况统一按照减少 100 人/米来设定。目前的算法的迭代次数为 100，取 10 次实验的最优结果。采用 MATLAB 进行编码，表 3-4 给出了实验结果的最终线路集。图 3-7 是优化结果的直观展示。不难看出，优化后的网络均覆盖了所有的机场巴士站点，每条线路之间不是简单的站点增删，而是从全局角度进行了调整，使整体网络效果更优。

表 3-4　从北京首都机场巴士网络中得到的最终线路集

线路	原实验优化线路	新建道路数（公里）	运行时间（min）	新建道路比	现实验优化线路	本书新建道路（公里）	运行时间（min）	新建道路比
1	1-3-8-11		65		1-3-5-8-11		63	
2	1-2-4-6		58		1-2-4-6-9-12		68	
3	1-3-5-6-9	153.6	74	10.24%	1-2-4-7-13	129.45	76	8.63%
4	1-2-9-12-13		83		1-14		42	
5	1-3-4-7		53		1-10		52	
6	1-14		42		1-2-9-12		58	

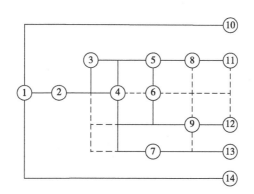

图 3-7　优化后的机场线路拓扑图

根据之前的评价参数，表 3-4 给出了线路条数不变情况下的新建道路数量、道路运行时间、新建道路的比例。可以看到，道路的运行时间稍高于之前的实验结果，但在保证客流量最大的同时，新建道路数量少于原本的值，由原来的 153.6 公里下降为 129.45 公里，减少了 15.72%，有效地减少了机场巴士规划前期的投入成本。因此本算法对北京首都机场巴士网络的实验在总体上能得到更好的结果，下面我们还会进一步将此方法应用于北京大兴机场巴士网络设计中。

3.1.3.2 北京大兴国际机场巴士网络实验

为进一步验证算法的可行性，本节将对北京大兴机场巴士网络进行实验，大兴机场巴士线网具体数据如表 3-5 所示。网络包含 47 个站点，站点间的连接边数为 210 条，最终产生的公交网络应该包括 15 条线路，每条线路的站点个数范围是 2~6 个。根据首都第二机场远期航空旅客需求预测，未来该机场以服务北京方向旅客为主，该方向航空旅客所占比重近

表 3-5　衔接点

序号	名称	序号	名称	序号	名称
1	门头沟	17	世纪森林公园	33	西黄堡桥
2	石景山	18	南苑机场	34	宫村镇
3	南沙窝桥	19	徐庄桥	35	涞水县
4	海淀	20	亦庄	36	京石-廊涿
5	马甸	21	北辛屯桥	37	肖官营乡
6	北京北站	22	双源桥	38	东湾-廊涿
7	四元桥	23	房山	39	大广-廊涿
8	平房桥	24	涿州市	40	任丘方向
9	李天桥	25	码头镇	41	固安东高速口
10	北京站	26	庞各庄	42	永清县
11	东直门	27	魏善庄	43	京台-廊沧
12	北京西站	28	安定镇	44	南环-廊霸
13	通州	29	采育	45	东环-京福
14	北京南站	30	廊坊北高速口	46	落垡镇
15	化工桥	31	廊涿-京福	47	首都新机场
16	马家楼桥	32	京台-廊涿		

75%，同时兼顾廊坊、涿州、天津、沧州、保定方向旅客，形成京津冀航空运输走廊。基于上述发展趋势，参考相关文献，并通过咨询相关专家，本书在首都第二机场服务范围内初步拟定了 47 个衔接点，主要为一些重要城区、乡镇中心、枢纽站点以及重要道路交叉口。

实验中算法的迭代次数是 500 次，取 10 次实验的最优结果。表 3-6 是根据之前的评价参数，与之前的实验结果进行的对比。

表 3-6 北京大兴机场巴士网络实验评价参数结果对比

参数	新建道路数（km）	运行时间（min）
原线路	81.3	106
优化线路	78.5	98

可以看到，在保证客流量最大的同时，采用本书改进的方法，新建道路数量由原来的 81.3km 减少到 78.3km，整体减少 3.4%，相应的整体运行时间也减少了 7.5%，有效地减少了机场巴士规划前期的投入成本。因此本算法对北京大兴机场巴士网络的实验在总体上能得到更好的结果，产生较好结果的原因与前文提到的初始线路集的生成策略有关。结果表明，改进后的算法在较大规模的巴士网络上也具有较强的适用性。

3.2 机场巴士时刻表设计

乘客选择机场大巴作为机场出行的交通工具，其最基本也最重要的考虑因素是出行时间和出行时间的可靠性。因此本章以乘客的出行时间成本最小为目标，在保证满载率要求的基本条件下，对机场巴士时刻表进行设计优化。

3.2.1 机场巴士时刻表设计问题的数学模型

3.2.1.1 问题描述
发车间隔（分钟）是车辆运行线路某个方向上相邻两辆车经过某一相同站点的时间间隔（发车频率与发车间隔满足一定的数学关系）。乘客总是希望车辆的发车间隔尽量短，以缩短其等待时间。然而，对于均匀的客流量，采用相等间隔的运营成本比小发车间隔发车成本低。通常发车间隔的设定是一个多目标决策过程，既要考虑到为乘客提供的服务质量，又要考虑到公交企业的成本。在乘客需求相对稳定的情况下，企业一般采用固定的发车间隔会使运营效率最高（均衡公交载客数和最大化时刻表可靠度），且容易吸引乘客（简单、可靠、等待时间短）。当发车间隔大于6min时，通常采用能被60整除的数，如10min、12min、15min、20min、30min等（即周期间隔）；这种做法使得车辆在任意车站开行的时间都为一个小时的同一时间点，便于乘客记忆，有利于乘客选择合适的出行时间。然而在单条机场巴士线路上，若干个站点会出现客流比较集中的现象，而在其余站点的客流量则相对平均，采用以往的单一调度形式无法有效地分散较为集中的客流，会造成在客流集中的站点乘客等待时间过长，巴士车辆超负荷运行。此时，为提高公交系统的车辆输送能力，可以考虑非均衡发车时刻表，在这些客流比较集中的站点或时段增加发车频率，加快高峰时段乘客的送达速度，从而有效地降低乘客的等待时间，来缓解交通拥挤给社会带来的压力。

巴士时刻表设计问题涉及在现有的道路网络上，对于已知巴士停靠站点在综合考虑巴士运行时间、乘客需求量、巴士满载率等条件后，设计合理有效的巴士发车频率。需要注意，巴士时刻表会尽可能满足大多数乘客出行时间需求，但由于道路突发状况、天气状况等不可预测的原因，实际中的巴士运行时刻与设计的时刻表相比会有微小改变。

巴士时刻表 T^* 为一个 $n \times K$ 的矩阵，该矩阵可由 n 个发车时刻的集合 $T = [t_1, t_2, t_3, \cdots t_{n-1}, t_n]^T$，结合各时段各路段的平均出行时间的计算得到。矩阵的每一行表示对应班次顺序经过 K 个站点的时间，其具体形式如下所示。

$$T^* = \begin{bmatrix} t_{1,1} & \cdots & t_{1,K} \\ \vdots & \vdots & \vdots \\ t_{n,1} & \cdots & t_{n,K} \end{bmatrix}$$

式中，K 为巴士线路的站点数量，n 为巴士线路时刻表总的发车班次数量。$T = [t_1, t_2, t_3, \cdots t_{n-1}, t_n]^T \in E_n$ 为所有可行解，即所有可能的时刻表各班次的发车时刻。

3.2.1.2 考虑乘客出行时间的数学模型

机场巴士是为乘客前往机场提供服务，是一种价格便宜且环保的出行方式。为吸纳较多的客流量，须满足乘客最基本的出行需要，相应地要保持一定的发车频率作为服务水平的保障。但同时，机场方面要承担由此带来的车辆、油费、人员等成本，机场巴士的运营也要在保证乘客需求的情况下，尽可能地降低成本。巴士的运营要满足其作为一种公共交通工具的社会职能，主要表现在污染物排放等环境指标上。不过，与第 2 章阐述的原因相同，本研究将不考虑能源及排污问题。

保持较高的乘客服务水平需要较高的发车频率，以提高乘客的体验满意度，这与机场巴士运营公司保持较低成本消耗的目标是相矛盾的。巴士运营系统的本质矛盾注定了机场巴士规划问题可以是一个多目标优化问题。联系当前社会现实，可以将机场巴士问题的目标归为两大类：首先机场巴士系统的宗旨是服务乘客，要满足乘客的需求，保障乘客便捷出行；其次是要减少消耗、降低成本，满足机场企业的运营效益。从乘客角度出发，主要考虑乘客的出行时间；从机场角度出发，主要考虑车辆行驶里程、乘客需求满足比例、票价、车辆及驾驶员数量等。本章将把这两个方面作为优化目标。

1）乘客角度

在机场巴士时刻表优化设计中，乘客最关心的是出行时间。本书在构建机场大巴时刻表模型时，以尽量满足乘客需求作为巴士时刻表问题的设计目标，而乘客出行时间是衡量乘客候车满意度的最常见的指标。乘客的出行时间考虑到了乘客的乘车在途时间、等车时间、上车时间及平均站点滞留时间，因此这里将乘客的平均出行时间 S 作为时刻表优化模型中的函数之一，以发车班次不多于常规条件下时刻表发车班次为约束条件，具体见式（3-12）至式（3-16）；将巴士时刻表优化问题抽象为一个非线性优化问题予以求解，具体见式（3-11）。

$$\min S = \frac{\sum\limits_{i=i-1}^{n}\sum\limits_{k=k-1}^{m}\boldsymbol{T}^t_{(i,\,k)} + \sum\limits_{i=i-1}^{n}\sum\limits_{k=k-1}^{m}\boldsymbol{T}^w_{(i,\,k)} + \sum\limits_{i=i-1}^{n}\sum\limits_{k=k-1}^{m}\boldsymbol{T}^r_{(i,\,k)}}{\sum\limits_{i=i-1}^{n}\sum\limits_{k=k-1}^{K}P_{(i,\,k)}} \tag{3-11}$$

满足

$$\boldsymbol{T}^w_{i,\,k} = P_{i,\,k}(t_{i,\,k} - t_{i-1,\,k}) \tag{3-12}$$

$$\boldsymbol{T}^t_{i,\,k} = P_{i,\,k-1}(t_{i,\,k} - t_{i,\,k-1}) \tag{3-13}$$

$$n \leqslant N \tag{3-14}$$

$$t_1 \leqslant t_e \tag{3-15}$$

$$t_n = t_l \tag{3-16}$$

式中，$\boldsymbol{T}^w_{i,\,k}$ 为时刻表中第 i 个班次经过站点 k 时所有该站点上车乘客的总等待时间；$\boldsymbol{T}^t_{i,\,k}$ 为任意一班车到达某站点时，此站之前上车乘客的出行时间；$\boldsymbol{T}^r_{i,\,k}$ 为在 k 站点上车的所有乘客的上车时间（因不同于市内公交短期旅行的特点，机场巴士运输须考虑乘客上车时的行李安放等时间）；$P_{i,\,k}$ 为第 i 个班次到达站点 k 时该站点的旅客数量；$t_{i,\,k}$ 为第 i 个班次到达站点 k 的时间；$t_{i-1,\,k}$ 为第 $i-1$ 个班次到达站点 k 的时间。$t_{i,\,k-1}$ 为第 i 个班次到达站点 $k-1$ 的时间；$P_{i,\,k-1}$ 为第 i 个班次到达 $k-1$ 站上车的人数。n 为巴士线路优化时刻表总的发车班次数量；m 为选定线路上机场巴士站点的数量。N 为标准规定下机场巴士线路时刻表总的发车班次数量；t_1 为机场线路时刻表首班车的发车时刻；t_e 为标准规定下机场线路时刻表首班车发车时刻；t_n 为机场线路时刻表末班车的发车时刻；t_l 为标准规定下机场线路时刻表末班车发车时刻。

2）机场角度

对于机场或机场巴士运营公司来说，运行成本消耗是需要重点考虑的问题。在实际情况中，经常需要保持某一条线路上的发车频率，从而确保对乘客的服务水平。正是为了满足这些要求，运营商必须有充足的车辆和驾驶人员来服务不同线路上的乘客。如果有两条客流不一的线路要求保持一致的服务水平，则运营商需要向客流密度较大的线路提供更多的车辆和驾驶员支持，但这种支持不是无限的，仍然要考虑成本投入。显然在不考虑乘客流失的条件下，降低发车频率对机场巴士运营公司来说是有益的。

结合我国机场运营现状来说，机场巴士作为公共交通工具的一种，其营利性并不是最重要的；但考虑到环境保护、可持续发展等社会职责，仍然要在满足乘客较好乘车体验的前提下，降低机场巴士运营成本。

机场巴士运营成本包括车辆、驾驶员、燃料消耗等，这些成本并不是恒定不变的，会随着市场经济情况不断波动，在较长的时间区间内，对发车频率的确定有一定影响。而车辆满载率更能综合反映车辆运营成本和乘客需求满足度之间的平衡关系。车辆满载率与乘客需求量紧密相连，相对于受市场波动的客观因素来说，更具有直观性。因此，本研究采用乘客满载率作为机场巴士运营成本的衡量标准，以求在充分满足乘客出行需求的前提下，尽量控制乘客满载率最高，即空载率最小。此目标的建立能够有效减少发车次数的浪费，避免发车频率过高的情况，具体表达式如下。

$$\phi = 1 - \frac{P_{断面}}{\omega \times D} \times 100\% \tag{3-17}$$

上式中，$P_{断面}$是每小时内的断面客流量。结合机场巴士实际情况，在巴士运行过程中，一般不会有乘客下车，车内的乘客呈逐渐增多态势，因此断面客流的值实际取巴士在终点站的车内总乘客人数。D是车辆限定承载人数，ω是发车次数。综上所述，得到最终的多目标模型。模型中包括乘客平均出行时间 S 和车辆空载率 ϕ，两个目标负相关。

3.2.2 改进的多目标果蝇优化算法

本研究的机场巴士时刻表设计问题与巴士的运行效率、客流密度、乘客出行时间和巴士满载率等多个因素有关，为更好地解决问题，这里采用多目标果蝇优化算法（Multi-objective Fruit Fly Optimization Algorithm，MFOA）进行求解。本节介绍的多目标果蝇算法是基于 Balasubbareddy 在求解最优潮流（Optimal Power Flow，OPF）问题时提出的多目标果蝇算法，他将遗传算法中的交叉变异和快速非支配排序引入果蝇算法提出了非支配混合果蝇算法。在算法中，对时刻表种群的初始化与之前路径组的初始化方法不同，增加了种群变异，改进了种群多样性。首先，建立初始集合，在对每一个解运用变异操作和寻优操作后，算法将对这些子种群进行考察。整体步骤如图3-8所示。

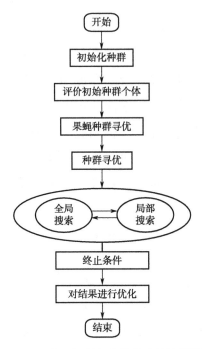

图3-8 多目标果蝇优化算法的流程图

3.2.2.1 编码方法

在改进的多目标果蝇优化算法（IMFOA）中，种群的初始化仍然采用之前介绍的方法。该方法能快速生成初始解，而且减少不可行解产生的概率，使初始化方法较为有效。但在择优录用时，由于存在两个目标函数，不好直接确定其优劣，这里引入功效系数，辅助判断目标函数的优劣。和本章之前，阐述的一样，这里采用在起点终点坐标范围内随机初始化，使初始化范围缩小，使得初始化值更接近最优解，增加算法的收敛速度和精度。同时时刻表设计问题中通常采用二进制或整数编码。由于时刻点的数量相对较多，采用二进制编码时，容易造成二进制串过长、运行时间过长等问题，因此整数编码近几年得到广泛应用。本书采用整数编码方式。以整数编码为基础，机场巴士运行时段内总发车次数表示染色体的编码长度，染色体基因位的值由调度时段与发车最小间隔的比值中不重复的整数随机确定，然后将所有基因位上的值按从小到大顺序排序。经过解码后，每个基因位的值表示调度时段内相应车辆在首站的发车时刻。例如，取调度时段为360min，以20min为最小发车间隔，则共有18个发车点。假定在该调度时段发车次数为10，则分别从1, 2, …, 18中选取10个不重复的整数，并按从小到大排序组成一条染色体，如1, 3, 4, 7, …。经过解码操作后，该染色体表示车辆在首站的发车时刻依次为第20min、60min、80min、140min等。

3.2.2.2　初始解生成方法

传统果蝇算法的候选解生成机制不均匀限制了其寻找最优解的能力。在候选解的生成机理上，抛弃了FOA中味觉浓度测定值的传统计算方法，相反候选解是使用一维坐标值生成的。加入果蝇的逃逸参数可使候选解取负值。研究者通过大量的实验证明了一维坐标值作为候选解可以在问题域内得到完全一致的搜索，而得到非零点的全局最优解是有益的。在此基础上，本研究根据机场公交时刻表不为负的特点，利用一维坐标值产生一个候选解，建立参数唯一的正解的逃逸系数。

$$S_i = 1/D_i + \delta \tag{3-18}$$

$$\delta = D_i \times |0.5 - \theta| \tag{3-19}$$

θ是[0, 1]之间的一个随机数。逃逸系数δ只能是正的，因此该候选的解决方案也只能是正的，候选解的分布更均匀。

3.2.2.3　种群变异

为提高种群的多样性，避免陷入局部最优，子群的变化是必要的。这里根据果蝇遗传差异度的概念，对同一基因位置进行变异。例如，如图3-9所示，$F(1)$和$F(2)$在第5位具有相同的值，然后对两个个体的两个基因位点进行突变操作。我们随机选择第4位和第6位之间的值作为替换值，该值应该满足最小的离开间隔。$F(1)$在第4位是90，在第6位是160。如果最小发车间隔为20，则随机选择一个介于110和140之间的整数作为新的替代值。

3.2.2.4　种群寻优机制

在通过初始化方法得到初始时刻表集合后，通过交叉操作得到子时刻

图 3-9　一个突变的例子

表。如果子时刻表与原时刻表重复，则将其删除；否则检验这个子时刻表的两个目标值是否有一个优于目前存在的最好值，如果具有一个这样的值，则用这个子时刻表替代原时刻表并将目前存在的最好值更新。如果不存在以上情况，则检验子代时刻表是否支配原种群（这里是指子代个体的两个目标函数值均优于原个体），如果存在，则用这个子时刻表替代原时刻表；否则，继续检验这个子时刻表是否与原时刻表互不支配（这里是指子时刻表和原时刻表的目标函数值中各有一个优于对方），如果存在，则在集合中找到一个能被这个子时刻表支配的时刻表并将其替代。经过以上过程的循环执行，当达到设定的迭代次数时，可以由多目标优化算法获得一个新的互不支配的时刻表集合，这保证了尽可能多的优解。此算法的基本结构见表 3-7。

表 3-7　改进的多目标果蝇优化算法的伪代码

IMFOA

1：生成可行的初始种群

2：计算每个个体的两个目标函数

3：为两个目标记录"目前最优值"

4：for

5：　对种群中的个体进行基因突变检查

6：　　if 两个个体有相同的基因位

7：　　　随机选取一个个体对其相同基因位进行突变

8：　　　else 继续搜寻下一个满足突变条件的个体

9：end

10：for

11：　　　对种群进行寻优操作

12：　　　if 个体是重复的

13：　　　　删除重复个体

14：　　　else 　if 子代个体能够改进目标函数中任意一个"目前最优值"

15：　　　　　　用这个子代个体替代原个体，同时更新"目前最优值"

16：　　　else 　if 子代个体能够支配原来的父代个体

17：　　　　　　用子代个体替代原来的父代个体

18：　　　else 　if 子代个体与父代个体互不支配

19：　　　　　　在集合中找到一个能被这个子代个体支配的父代个体并替换它

20：end 达到迭代次数

21：print 一个互不支配的种群解集合

3.2.3　实证研究

3.2.3.1　北京首都国际机场巴士网络实证

这里同样使用北京首都国际机场巴士城区网络来对算法进行验证。机场巴士运行时刻不尽相同，具体运行时刻见表3-8。

表3-8　北京首都国际机场城区机场巴士运营时间表

线路编号	通往城区终点	运行时间	发车时刻
1	方庄	7：00-次日1：00	不超过30分钟（客满发车）
2	北京南站	7：00-次日1：00	不超过30分钟（客满发车）
3	北京站	7：00-次日1：00	不超过30分钟（客满发车）
4	公主坟	6：00-次日2：00	不超过30分钟（客满发车）
5	中关村	6：50-24：00	不超过30分钟（客满发车）
6	上地、奥运村	7：40-21：40	不超过60分钟（客满发车）
7	北京西站	5：00-24：00	不超过30分钟（客满发车）
8	回龙观	8：30-20：30	不超过60分钟（客满发车）
9	通州	7：00-次日0：00	不超过30分钟（客满发车）

线路编号	通往城区终点	运行时间	发车时刻
10	王府井金宝街	9：00-21：00	不超过 60 分钟（客满发车）
11	石景山	7：30-22：00	不超过 30 分钟（客满发车）
12	燕郊	7：40-23：00	不超过 40 分钟（客满发车）
13	昌平	7：15-22：15	不超过 60 分钟（客满发车）
14	亦庄	11：30	11：30、18：00（每日 2 班次）
15	公主坟（夜班车）	0：00-6：00	发车间隔不超过 60 分钟
16	北京站（夜班车）	0：00-国内航班结束	2：00 前，每 30 分钟一班； 2：00 后，随航班发车

从表 3-8 中可看出首都机场巴士发车时刻主要集中在早上 7：00 和晚上 24：00 之间，具体发车时刻规定不详细，多是规定不超过 30 分钟或客满发车。目前的发车时刻多基于机场巴士运营经验，存在很多不确定因素，不利于吸引对时间比较敏感的潜在乘客，同时不合理的时刻也会增加乘客的时间成本和运营成本。为获得每分钟旅客客流量，我们的研究建立了首都国际机场的人流量动态仿真，以首都国际机场实际客流量为基础，仿真了某日 24 小时的实时动态客流量，针对机场运输交通客流，确定行人出行的交通发生量。在微观仿真模型中，社会力模型能更好地反映行人的自组织行为，更贴切实际的客流情况。因此，我们以 2019 年 6 月 30 日的航班数据作为研究基础，选取基于社会力模型的 AnyLogic 软件作为行人微观仿真平台。我们通过仿真得到的首都国际机场的客流量如表 3-9 所示。

表 3-9 首都国际机场的客流量

时间点	国内航班旅客到达人数（个）	国际航班旅客到达人数（个）	总的旅客数量	各时间段占全天的旅客数量比例
0—1	5 790	1 370	7 160	4.72%
1—2	2 970	930	3 900	2.57%
2—3	720	720	1 440	0.95%

时间点	国内航班旅客 到达人数（个）	国际航班旅客 到达人数（个）	总的旅客 数量	各时间段占全天的 旅客数量比例
3—4	0	720	720	0.47%
4—5	0	0	0	0.00%
5—6	0	5 220	5 220	3.44%
6—7	120	7 500	7 620	5.03%
7—8	0	1 050	1 050	0.69%
8—9	0	1 050	1 050	0.69%
9—10	1 170	2 430	3 600	2.37%
10—11	5 790	2 580	8 370	5.52%
11—12	6 210	2 580	8 790	5.80%
12—13	6 450	6 810	13 260	8.75%
13—14	5 640	4 020	9 660	6.37%
14—15	4 470	2 550	7 020	4.63%
15—16	3 840	2 640	6 480	4.27%
16—17	4 380	6 840	11 220	7.40%
17—18	4 800	3 690	8 490	5.60%
18—19	4 320	3 960	8 280	5.46%
19—20	6 630	3 750	10 380	6.85%
20—21	2 370	1 920	4 290	2.83%
21—22	3 630	930	4 560	3.01%
22—23	5 700	3 810	9 510	6.27%
23—24	6 450	3 090	9 540	6.29%

从表 3-9 的机场客流量中可以发现，从早上 9：00 开始，客流量逐渐增多，12：00—13：00 处于客流高峰阶段；由此时间段到下午 16：00，客流量缓慢减少；在下午 17：00—20：00 之间又处于全天客流的第二个高峰期。基于表 3-9 的机场客流量数据，下面我们进一步研究乘坐机场巴士离开的客流。一般来说，机场巴士的服务范围为 50~80km，将服务范围内

的地区按行政区域划分，分为 M 个交通小区。从国外航空发展的规律看，航空出行需求跟区域人均 GDP 成正比。根据每个交通小区的 GDP 和首都国际机场路侧交通系统客运比例结构，可预测出各个交通小区的出行需求，进而为时刻表的设计提供基础的数据。

图 3-10 为机场巴士运行模拟图，随着时间推移，站点上车乘客呈动态增加趋势。基于表 3-9 的数据可得到机场巴士 4 号线每个站点每小时内机场巴士的出行需求量，如表 3-10 所示。

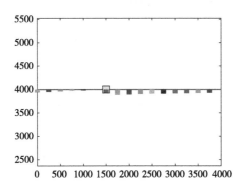

图 3-10　机场巴士 4 号线运行模拟图

表 3-10　机场巴士 4 号线的客流量

序号	站点名称	航空旅客流量（万人/年）	距离	全天机场巴士出行需求（人/天）
1	首都机场	1 100	—	—
2	三元西桥	560	24	1 452
3	西坝河	260	0.9	603
4	安贞桥	340	3.7	735
5	马甸桥	350	1.6	757
6	北太平庄	500	1.2	1 082
7	蓟门桥	450	1.7	774
8	友谊宾馆	360	3.0	762
9	紫竹桥	380	3.5	768
10	航天桥	550	2.3	1 420
11	公主坟	720	1.6	1 603

本研究取车辆额定载客人数为 36 人，优化调度时段为 10：00 到 14：00，如表 3-9 所示，此时间段客流量比较密集，乘客平均上车时间为 1.2min/人（因乘客需要放置行李）。种群规模为 100，最大迭代次数为 500，应用改进的果蝇算法对车辆在首站的发车时刻进行优化，得到机场巴士的发车情况，如表 3-11 和图 3-11 所示。

表 3-11　机场巴士的发车情况

车次	4	5	6	7	8	9	10	11
旅客平均等待时间	30	24	20	17	15.5	13.4	13.5	12.8
车辆满载率	81.8%	82.1%	82.3%	81.8%	81.4%	80.6%	80.3%	79.7%

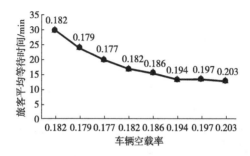

图 3-11　机场巴士 4 号线不同车次的乘客平均等待时间和车辆空载率变化图

乘客平均等待时间和车辆空载率呈负相关关系，如表 3-11 和图 3-11 所示，随着巴士发车次数的增加，旅客的平均等待时间逐渐减少，车辆空载率也逐渐增加。当巴士的发车次数为 9 时，旅客的平均等待时间最小，此时的车辆满载率也符合一般规定。因此，这里选取发车次数为 9 次。在发车次数为 9 的情况下，机场巴士 4 号线的发车时刻表如表 3-12 和图 3-12 所示。

表 3-12　北京首都国际机场巴士的发车时刻表

站点	发车时刻								
1	10：00：00	10：29：04	10：57：04	11：24：04	11：49：04	12：17：04	12：45：04	13：18：04	13：45：04
2	10：12：36	10：40：40	11：08：40	11：35：40	12：00：40	12：28：40	12：56：40	13：29：40	13：56：40

站点	发车时刻								
3	10:26:54	10:53:58	11:21:58	11:48:58	12:13:58	12:41:58	13:09:58	13:42:58	14:09:58
4	10:45:06	11:14:10	11:42:10	12:09:10	12:34:10	13:02:10	13:30:10	14:03:10	14:30:10
5	11:15:24	11:42:28	12:10:28	12:37:28	13:02:28	13:30:28	13:58:28	14:31:28	14:58:28
6	11:32:12	12:04:16	12:32:16	12:59:16	13:24:16	13:52:16	14:20:16	14:53:16	15:20:16
7	12:01:12	12:30:16	12:58:16	13:25:16	13:50:16	14:18:16	14:46:16	15:19:16	15:46:16
8	12:45:48	13:13:52	13:41:52	14:08:52	14:33:52	15:01:52	15:29:52	16:02:52	16:29:52
9	13:01:06	13:32:10	14:00:10	14:27:10	14:52:10	15:20:10	15:48:10	16:21:10	16:48:10
10	13:18:18	13:47:22	14:15:22	14:42:22	15:07:22	15:35:22	16:03:22	16:36:22	17:03:22
11	13:49:18	14:16:22	14:44:22	15:11:22	15:36:22	16:04:22	16:32:22	17:05:22	17:32:22

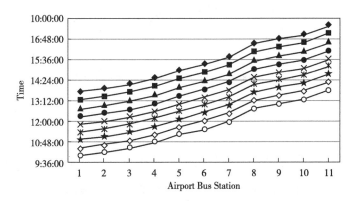

图 3-12　北京首都国际机场巴士发车时刻图

　　首都国际机场现在采取的发车原则是间隔 30min 或客满发车，现有发车时刻表见表 3-13。

表 3-13　机场巴士的发车时刻表

车次	1	2	3	4	5	6	7	8	9
时刻	10:00	10:30	11:00	11:30	12:00	12:20	13:00	13:30	14:00

　　时刻表优化前后结果对比见表 3-14。

表 3-14　实验结果对比

类别	目标函数	乘客平均等待时间
原时刻表	108000.65	25.2
优化后时刻表	97380.65	13.4

对比分析可发现，优化后的时刻表的目标函数降低了 9.83%，乘客平均等待时间降低了 46.83%，这充分说明了优化后的时刻表的合理性。针对不同时段制定非均衡发车的时刻表对提高乘客出行效率具有实际意义。

4 启发式算法在机场快轨
时刻表优化问题中的应用

本章重点介绍启发式算法在机场快轨时刻表优化问题中的应用。首先，研究机场快轨客流量，对机场旅客特性及机场快轨运营调度特性进行分析，并进行机场快轨需求量的数据处理和采集。其次对机场快轨时刻表优化设计，制定机场快轨特征的目标函数和约束条件，对花授粉算法进行优化。最后，对首都国际机场快轨时刻表优化问题进行实证研究。

4.1 机场快轨客流量研究

机场快轨是作为机场旅客和城市中心连接的一种交通方式，其主要任务是服务机场旅客。判断机场快轨时刻表是否合理的依据是要看机场快轨发车时刻表是否符合乘客的基本需求，并且最大程度提高乘客的出行效率。因此，机场快轨客流量是研究机场快轨时刻表的基础。

4.1.1 机场旅客特性及机场快轨特性

获取机场快轨的时刻表应当首先研究机场快轨的客流构成以及乘坐机场快轨的旅客的行为特征，再对机场快轨本身的一些调度影响因素进行研究，为机场快轨时刻表优化提供基础。

4.1.1.1 乘坐机场快轨旅客的客流构成分析

机场快轨基本上以机场航站楼为终点或起点，到达机场航站楼的机场快轨线路主要客流为机场离港的旅客、送机人员、机场工作人员，离开机场航站楼的机场快轨线路主要客流为机场到港的旅客、接机人员、机场工作人员。其中，机场到港、离港的旅客和机场接送机人员的这部分客流量和机场当天航班的安排数量具有正相关性，且一天内的波动情况会大致相同。根据国际民用航空协会对北美洲、欧洲以及日本航空公司的研究数据可知，机场的每 100 万客流量需要 1000 位机场工作人员为其服务，机场工作人员的流量占到机场旅客客流量的 0.1%，占比极小。本章的扩展实验的研究对象是离开机场航站楼的机场快轨线路时刻表优化问题，主要客流量是机场到港的旅客、接机人员和机场工作人员。其中机场到港的旅客占绝大部分，接机人员和机场工作人员的数量较少，对本章的研究对象影响不大，因此在研究过程中将忽略机场接机人员和机场工作人员的数量，只考虑机场到港的旅客数量。

4.1.1.2 航站楼内乘坐机场快轨旅客的行为特征

对于机场快轨离开机场航站楼的线路来说，客流几乎全部是航空到港旅客，由此可见，航站楼内的客流量和当天的航班到达情况关联密切。本章选取 2019 年某日机场快轨线上 T3 航站楼站的进站客流分布数据和 T3 航站楼航班到达数据，对客流分布进行了分析，发现航站楼需要乘坐机场快轨的初始客流几乎全部来自航班的到港旅客。从首都国际机场官网获取的 2019 年某日的部分航班数据如表 4-1 所示，其中依据首都国际机场的每年满载率，所有航班的满载率均设置为 0.8。

表 4-1 2019 年某日部分航班数据

航班号	航班类型	航空公司	候机	出发地	到达时间
CZ9711	空客 A320 系列	中国南方航空公司	T3	乌鲁木齐	23：42
EY889	空客 A330-200	阿联酋阿提哈德航空公司	T3	名古屋	23：39
CA1494	波音 737-800	中国国际航空有限公司	T3	贵阳	01：06
ZH1494	波音 737-800	深圳航空有限责任公司	T3	贵阳	01：06
NH5763	空客 A321 系列	全日空航空公司	T3	东京羽田	00：14
CA422	空客 A321 系列	中国国际航空有限公司	T3	东京羽田	00：14
3U8210	空客 A320 系列	四川航空股份有限公司	T3	乌鲁木齐	23：42

机场快轨线上 T3 航站楼站的当天进站客流分布与 T3 航站楼航班到达数据的对比如图 4-1 所示，根据分析得出如下规律。

（1）T3航站楼站的进站客流分布数据与T3航站楼航班客流量到达数据几乎成正比例，前者几乎占到后者的29.2%，该结果和之前研究者[63]对首都国际机场进行的问卷调查研究结果基本一致。T3航站楼站的进站客流分布数据比T3航站楼航班到达数据迟大约一个小时，由此可见，航班到达人数是航站楼内客流分布的重要影响因素。

（2）当前首都国际机场快轨线运行时间为6：20—22：50，因此图中0：00—6：00以及23：00—24：00均无数据。在机场快轨运行阶段，机场航班客流量到达最多的为14：30—15：00，该半小时的客流量为11 260人次；机场快轨客流量最多的为16：00—16：30，该半小时的客流量约为2 816人次。

（3）因为T3航站楼站开放口几乎均为机场内部，所以能够进入该站的客流量主要为航班旅客，少数人为航站楼工作人员和接送机人员，因此航站楼工作人员和接送机人员的数量在本研究中忽略不计。

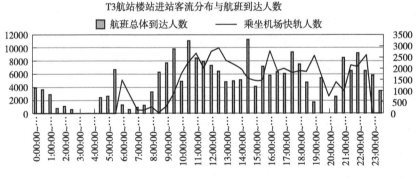

图4-1　T3航站楼站进站客流分布与T3航站楼航班到达客流量的对比

北京首都国际机场陆侧交通系统相关客流以入境客流为主。国内旅客到达航站楼后，到行李传送带周围的等候区等候行李。国际航班旅客到达航站楼后需要办理海关和边检手续。在必要的程序之间，旅客可以进行一系列其他活动。必要的程序和其他活动构成了每个旅客活动的流程，使行李大厅的旅客活动复杂化。到港旅客办理相关手续并领取行李后离开航站楼没有时间限制。首都国际机场国内旅客分为T3-C和T3-D到达两种，国际旅客为T3-E。T3-E航站楼国际旅客执行检验检疫、边防入境检查，然后在航站楼乘扶梯、电梯等设备下至 T3-C 二楼捷运至 T3-C 二楼，步行至行李提取区领取行李，然后离开航站楼；国内到达的 T3-C 旅客通过航站楼的自动扶梯、电梯等设备到达行李提取出发站二楼；国内到达的 T3-D 旅客乘坐捷运到达 T3-C 二楼，然后步行至行李提取出发站大厅。由此可见，T3 航站楼到达旅客分为四类：国内到达无行李旅客、国内到达携带行李旅客、国际到达无行李旅客、国际到达携带行李旅客。四类旅客从到港到选择离开航站楼的消耗时间如下。

$$T_1 = \frac{s_1}{v_1} \tag{4-1}$$

$$T_2 = t_q + \frac{s_2}{v_2} \tag{4-2}$$

$$T_3 = t_m + t_n + t_h + \frac{s_3}{v_1} \tag{4-3}$$

$$T_4 = t_m + t_n + t_h + t_q + \frac{s_4}{v_2} \tag{4-4}$$

其中，T_1 表示国内到达无行李旅客从到港到选择离开航站楼的消耗时间；T_2 表示国内到达携带行李旅客从到港到选择离开航站楼的消耗时间；T_3 表示国际到达无行李旅客从到港到选择离开航站楼的消耗时间；T_4 表示国际到达携带行李旅客从到港到选择离开航站楼的消耗时间；t_m 表示国际到达旅客检疫所需时间；t_n 表示国际到达旅客安检所需时间；t_h 表示 T3-D 和 T3-E 到达旅客乘坐捷运小火车所需时间；t_q 表示旅客取行李所需时间；v_1、v_2 分别表示无行李和携带行李旅客的步行速度；s_1、s_2、s_3、s_4 分别表示四类旅客所在位置到航站楼步行距离。

4.1.1.3 机场快轨运营调度的影响因素

对于枢纽机场来说，相关的机场快轨属于和城市交通相连的固定线路，并且线路站点不会因为机场客流量的数据变化做出实时改变。但是因为枢纽机场的航班较多、每个航班的旅客数量较多，会造成机场航站楼内客流量较大。由于机场快轨是为机场航站楼内旅客服务，并且绝大部分乘坐的人均为机场旅客，因此机场快轨的时刻表应跟随当天机场航站楼内客流量数据的变化进行实时变化，优化机场快轨时刻表变得较为复杂。本节主要分析机场快轨运营过程中的两个影响因素：机场快轨的乘客需求量和运营公司的工作效率。

1）机场快轨的乘客需求量

机场航站楼内每天每时每刻的客流量变化不只是和当天的航班安排有关系，因为航班是否准点到达的影响因素很多，例如当天的天气状况、航班出发地和到达地的安排情况等，乘坐机场快轨的旅客数量会随机场航班安排的变化而变化，具有较大波动性。因此，根据当天的机场航班的安排数量等数据，进行处理后得出当天每个时间段乘坐机场快轨的需求量，并依据该需求量对机场快轨时刻表进行动态调整是一个研究趋势。因为多数航站楼对于航班的安排都具有周期性，所以往期的机场快轨乘坐旅客的客流量数据对于未来的机场快轨时刻表优化具有参考意义，因此当前对于航站楼内旅客是否乘坐机场快轨，国内学者一般通过问卷调查或对机场航站楼站进站人数数据进行统计处理，或者获取机场航站楼旅客乘坐机场快轨的大致比例，来进行下一步的研究。不过，影响旅客选择出行方式的影响因素非常多，一般无法非常准确地预测每个时间段内的客流量。

2）运营公司的工作效率

运营公司的运营能力是影响机场快轨调度的一个重要因素，因为机场快轨的列数是固定的，所以机场快轨的时刻表优化不仅受到机场快轨现有业务条件的约束，还受到运营单位行车间隔上下限的限制。我们通过调研和文献总结发现，机场快轨的发车间隔基本上分布在 3~20 分钟。机场快轨为机场的服务设施，机场快轨的票价相对航班价格来说是很小一部分，因此运营商在运营过程中的运营成本指的是机场快轨的发车成本和机场快轨的票价收益差值。

基于以上两个影响因素，机场快轨的优化不仅应考虑机场运营商的运营成本，还应考虑机场快轨客流需求量。

4.1.2　机场快轨需求量数据采集

4.1.2.1　机场快轨需求量数据获取

当前首都国际机场快轨发车间隔为 10 分钟，已经获得的首都国际机场 T3 航站楼站每半小时的客流分布数据无法满足本章研究需要，为获取更具体的旅客分布数据，本章采用仿真方法获取每分钟机场快轨乘客需求量。由于航站楼内从旅客到港到乘坐机场快轨需要经过边防检查、安检等活动，因此通过调查获取表 4-2 所示数据作为仿真研究基础。因为本章研究以机场快轨时刻表为主，所以在此研究阶段，对于基础数据多采用平均值。表 4-2 中展示了乘客行为的对应时间。

表 4-2 乘客行为的对应时间

乘客行为	平均值
乘客在海关等待时间（分钟）	2.78
乘客在边防检查处等待时间（分钟）	18
乘客在安检处等待时间（分钟）	5.37
携带行李乘客步速（米/秒）	0.75
未携带行李乘客步速（米/秒）	1
乘客在行李转盘处等待行李时间（分钟）	10
T3-E 航站楼到达旅客到达 T3-C 所需时间（分钟）	10
T3-D 航站楼到达旅客到达 T3-C 所需时间（分钟）	8

由表 4-2 中数据对四类旅客从到港到选择离开航站楼的消耗时间进行计算，得出 T_1、T_2、T_3、T_4 的数值分别为 49 分钟、57 分钟、64 分钟、79 分钟，通过和图 4-1 数据对比发现基本吻合。本章研究案例选取 T3 航站楼的到达航班作为客流的来源，进行客流规律的验证，具体时间为 2019 年某日 0：00-24：00，共 24 小时的研究时段。该时间段内 T3 航站楼共计到达航班 1 061 班次，其中包括部分航班计划到达时间、航班号、航班类型、航班载客量等数据。本章将获取的 1 061 个班次的航班数据等信息以及 T3 航站楼内乘客走行距离（通过首都国际机场官方网站获取机场建筑内距离数据以及设施数据）和旅客行为规律等参数（通过现场调研得到）输入本模型中后，对客流到达站台的规律进行计算。2019 年某日当天航班部分数据以及处理后所得数据如表 4-3 所示。

表 4-3 仿真输入航班数据

数据收集时间段	航班数	航班到达人数	国际航班人数	国内航班人数
0：00—0：30	19	3869	918	2951
0：30—1：00	21	3733	311	3422
1：00—1：30	15	3000	591	2409
1：30—2：00	4	870	482	388
2：00—2：30	4	1182	199	983
2：30—3：00	3	708	708	0
3：00—3：30	0	0	0	0
3：30—4：00	0	0	0	0
4：00—4：30	0	0	0	0
4：30—5：00	8	2473	2473	0
5：00—5：30	9	2713	2713	0
5：30—6：00	21	6719	6719	0
6：00—6：30	6	1385	1196	189
6：30—7：00	3	587	587	0
7：00—7：30	4	1037	1037	0
7：30—8：00	6	1342	964	378
8：00—8：30	15	3335	1415	1920
8：30—9：00	33	6344	597	5747
9：00—9：30	33	7744	1977	5767
9：30—10：00	51	9859	954	8905
10：00—10：30	23	5073	1599	3474
10：30—11：00	48	11172	3553	7619
11：00—11：30	38	8489	3215	5274
11：30—12：00	34	7924	2422	5502
12：00—12：30	32	7325	1568	5757
12：30—13：00	33	6485	1027	5458
13：00—13：30	26	4911	1489	3422

数据收集时间段	航班数	航班到达人数	国际航班人数	国内航班人数
13：30—14：00	23	5034	1101	3933
14：00—14：30	23	5220	1519	3701
14：30—15：00	45	11260	5859	5401
15：00—15：30	19	4202	932	3270
15：30—16：00	35	7272	2711	4561
16：00—16：30	28	5866	944	4922
16：30—17：00	29	6341	2189	4152
17：00—17：30	28	6202	1768	4434
17：30—18：00	41	9372	3160	6212
18：00—18：30	34	7576	556	7020
18：30—19：00	22	4762	1315	3447
19：00—19：30	9	1843	597	1246
19：30—20：00	27	5403	691	4712
20：00—20：30	14	0	0	0
20：30—21：00	38	2707	189	2518
21：00—21：30	32	8552	2687	5865
21：30—22：00	46	6566	1081	5485
22：00—22：30	31	9262	1504	7758
22：30—23：00	31	6605	1555	5050
23：00—23：30	16	5910	0	5910
23：30—0：00	19	3535	849	2686

　　T3 航站楼行李系统采用世界上最先进的自动分拣和高速传输系统，覆盖 T3-C、T3-D 和 T3-E，占地面积约 120000 平方米，总长度约 70 公里。只要航空公司将行李运送到分拣港，系统只需要 4~5 分钟就可以将行李转移到行李提取传送带上，大大减少了旅客等待领取行李的时间。T3 航站楼行李提取大厅位于 T3 航站楼二楼，共有 17 个传送带，其中国际抵港传送

带 8 个，国内抵港传送带 9 个。国内入境旅客与国际入境旅客之间没有来往。为获得每分钟旅客客流量，本章建立以行人交通流为主的首都国际机场 T3-C 航站楼地面交通微观动态仿真，仿真构建了平常日 24 小时的实时动态客流量。日高峰时段仿真是以交通调查日为准，确定行人出行的交通发生量。仿真针对的是机场陆侧交通流常态化管理运行情景。航站楼作为一个人口密集的区域，人流很多，乘客行为特征是相对复杂的，通过比较许多行人的微观仿真模型的优缺点和适用性，可发现其中只有社会力模型可以描述行人最真实的模拟实际情况。基于乘客到港行为流程为研究对象，有必要研究其行为特征，尽可能模拟实际情况。因此，我们最终选择了基于社会力模型的微观仿真平台 AnyLogic 软件。AnyLogic 仿真平台基于流体动力学，本章在应用过程中增加了组队行人模型、自组织行为模型，并利用研究得到的相关数据作为参数进行仿真。本研究选取 2019 年某日的航班数据作为研究基础，输入航班数据并结合之前所描述的机场旅客特性，得出仿真结果（如图 4-2 所示），并且得出以下结论。

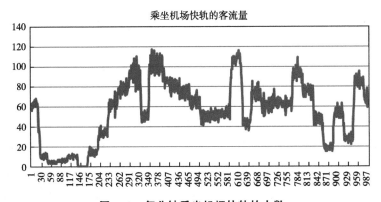

图 4-2　每分钟乘坐机场快轨的人数

在 6：00—8：00，机场快轨的乘客需求量几乎处于全天的最低谷，平均每半个小时出航站楼的人次不超过 260 人次；以 8：00 为起始点，机场快轨的乘客需求量开始攀升，到 9：30 左右达到第一个高峰，该半个小时出航站楼的人次达到 1 260 人次，此时机场快轨处于最为繁忙的状态；9：00—12：30 为机场快轨的乘客需求量的第一个高峰期，平均每半个小时出航站楼的人次约为 1560 人次。12：30—18：30 阶段机场快轨的乘客需求量较为平稳，平均每半个小时出航站楼的人次约为 450 人次。18：30—21：00 阶段机场快轨的乘客需求量较少，平均每半个小时出航站楼的人次约为 200 人次。21：00—23：30 阶段机场快轨的乘客需求量迎来又一个小高潮，平均每半个小时出航站楼的人次约为 1 100 人次。

4.1.2.2 机场快轨需求量数据验证

这里将通过构建仿真模型所得到的 T3 航站楼快轨站进站客流规律与从北京机场快轨站获得的实际的进站客流分布规律相比，计算客流误差，以验证本章模型方法的有效性和准确性。根据获取的 2019 年某日的数据，本小节统计了首都机场当天 0：00—24：00 的机场航班起飞情况以及航站楼内布局的具体参数。将航班预计到港时间、定员、满载率、换乘距离、换乘通道节点设施能力等信息输入模型，得到机场快轨开通时间内 T3 航站楼站的客流分布。之后，根据北京地铁机场快轨全天每半小时的实际客流数据对得到的客流做了验证。本章数据与实际数据相比的误差如表 4-4 所示，各个时段的误差在 10% 以内，验证了本章模型的有效性和准确性。

表 4-4 航站楼客流误差情况

时间段	误差值	时间段	误差值
6：00：00—6：30：00	4.4%	14：30：00—15：00：00	2.8%
6：30：00—7：00：00	4%	15：00：00—15：30：00	7.0%
7：00：00—7：30：00	6.3%	15：00：00—16：00：00	2.6%
7：30：00—8：00：00	7.9%	16：00：00—16：30：00	5.8%
8：00：00—8：30：00	5.8%	16：30：00—17：00：00	9.3%
8：30：00—9：00：00	6.0%	17：00：00—17：30：00	6.0%
9：00：00—9：30：00	7.3%	17：30：00—18：00：00	2.4%
9：30：00—10：00：00	6.7%	18：00：00—18：30：00	2.1%
10：00：00—10：30：00	5.3%	18：30：00—19：00：00	0.9%
10：30：00—11：00：00	5.1%	19：00：00—19：30：00	1.0%
11：00：00—11：30：00	6.3%	19：30：00—20：00：00	4.0%

时间段	误差值	时间段	误差值
11：30：00—12：00：00	0.3%	20：00：00—20：30：00	4.7%
12：00：00—12：30：00	2.4%	20：30：00—21：00：00	7.3%
12：30：00—13：00：00	7.6%	21：00：00—21：30：00	0.5%
13：00：00—13：30：00	0.7%	21：30：00—22：00：00	7.7%
13：30：00—14：00：00	4.7%	22：00：00—22：30：00	7.4%
14：00：00—14：30：00	7.9%	22：30：00—23：00：00	2.2%

4.2　机场快轨时刻表优化设计

影响机场快轨的两个因素是机场旅客的行为特征和机场运营方的工作效率，因此在设定机场快轨时刻表优化模型时不仅应考虑机场旅客的数量、出行效率，还应考虑到机场运营商的运营成本。

4.2.1　考虑旅客出行效率的机场快轨时刻表优化的数学模型

对于轨道交通系统来说，乘客的满意度评价一般从机场旅客的需求和出行效率等方面考虑。本节将影响机场快轨运营调度的一个因素"机场旅客的行为特征"狭义地设定为乘坐机场快轨的乘客等待乘车时间，乘客等待乘车时间的长短直接关系到乘客的满意度。影响机场快轨运营调度的另一个因素为机场快轨调度效率，本节将这一个影响因素用机场的运营成本表示，考虑到机场的发车成本和票价收益，本节将机场的运营商成本定义为发车成本和票价收益的差值。为设计出更优的机场快轨时刻表，结合之前的理论研究，得出机场发车间隔对乘车等待时间和运营成本的影响如下。

1）发车间隔对乘客乘车等待时间的影响

在机场快轨的运营过程中，乘车等待人数会随着机场快轨发车间隔的变化而变化。在一定的时间段内，机场快轨发车间隔越大，每一个发车间隔等待的乘客人数越多；机场快轨发车间隔越小，每一个发车间隔等待的乘客人数越少。对于等待时间而言，机场快轨发车间隔越大，等待该趟车的乘客总体等待时间越长；机场快轨发车间隔越小，等待该趟车的乘客总体等待时间越短。因此，每个发车间隔等待的乘客人数和发车间隔为正相关，等待乘车的乘客总体等待时间和发车间隔也为正相关。对于机场快轨时刻表优化问题来说，降低机场快轨发车间隔有助于提升乘客的交通效率。

2）发车间隔对机场快轨运营成本的影响

首都国际机场快轨的单程票价固定为 25 元，和乘坐私家车或网约车相比，该票价相对较低，因此一般机场快轨的单程票价不会对乘坐机场快轨的人数造成明显的影响。对于机场快轨运营商来说，机场快轨的建设成本为一次性缴付成本，因此本章不考虑机场快轨维修成本，只考虑机场快轨每次的发车成本。机场发车间隔越大，机场快轨的发车次数相对减少，机场快轨的发车成本降低；机场发车间隔越小，机场快轨的发车次数相对增多，机场快轨的发车成本增多。对于机场快轨时刻表优化问题来说，提高机场快轨发车间隔有助于降低运营方的运营成本。

4.2.1.1 问题描述

机场快轨是衔接机场和城市中心的一种交通方式，主要任务是提供给旅客优质的服务。机场快轨的运行时刻表是展示机场快轨运输服务能力的一个方面。决定机场快轨时刻表的两方面影响因素分别是运营商和乘客，优化后的时刻表应尽量综合考虑两者的需求，最大程度提高两者的效率。一般情况下，对于轨道交通来说，优化时刻表应当首先考虑到轨道交通车辆，根据轨道交通车辆数来作进一步研究。我国多数城市轨道交通时刻表运行图都将历史客流数据作为依据来预计未来客流的发展，判断一天内的客流状态，从而分时段优化轨道交通时刻表。这种方法的应用是由于轨道交通的服务人群是通勤客流，而通勤客流具有周期性波动的特征，因此历史数据对于轨道交通的研究具有参考意义。但是对于轨道交通而言，历史可参考数值较少，并且参考数据多为轨道交通 AFC 数据。该数据的统计时段一般为半小时，对于机场快轨来说，数据跨度较大，相对机场快轨的发车间隔来说，不能满足对于机场快轨的研究需要。另外，对于机场航班来说，每个航班的人数较多，航班时间的变动对于该时间段的机场快轨需求量变动影响较大，因此优化时刻表应使用一种普适的方法，可以根据每天客流量的不同进行动态调整。

本章的研究对象是机场快轨时刻表优化问题，将作出以下假设：①结合本章调研数据结果，机场快轨在离开机场航站楼的几种交通方式中的占比已知，可用于机场快轨乘客需求量的计算。对首都国际机场进行调研的数据显示，首都国际机场快轨占比约为30%。②机场线路的确定性。假设机场快轨线路中所有机场快轨具有相同的运行时间，在每一个车站具有相同的停站时间；并且将机场航站楼站作为机场快轨线路的起始站，全程线路固定，且到达机场航站楼时载客量为零。③列车容量已知，且列车容量固定不变。每一个发车间隔对应的机场快轨载客量都不能够超过机场快轨的最大载客量。如果超过机场快轨的最大载客量，需要等待下一趟列车。如果机场快轨上车乘客人次未达到机场快轨的最大载客量，默认全体乘客可以顺利上车。对于车站设计容量来讲，默认车站容量时刻满足乘客的等待需要。④到达先后有序原则。假设乘客等待机场快轨的过程中，所有乘客在站台等待，先到达的乘客享有优先上车的权利，遵循"先到达先上车"的原则。⑤忽略乘客上下车的时间。由于本章研究机场快轨发车时刻表问题，主要对象是机场快轨的发车间隔，因此在本研究中，忽略乘客的上下车时间以及机场快轨的停站时间。

4.2.1.2　约束条件

对机场快轨时刻表进行优化时，需要考虑的几个要素主要有机场快轨区间运行时间、前后机场快轨发车间隔、机场快轨最大载客量等。①机场快轨区间运行时间。机场快轨的区间运行时间是指机场快轨的最早发车时间和最晚发车时间。针对起始站，机场快轨的区间运行时间是指最早发车时间和最晚发车时间，而机场快轨线路的中间站的区间运行时间指的是经过该站的机场快轨最早时间和最晚时间。针对每个机场，机场快轨的区间运行时间不同，区间运行时间是机场快轨运营商按照机场快轨乘客需求量和其他影响因素决定的，因此在研究过程中，机场快轨区间运行时间基本按照每个机场的不同设定进行研究，不做出更改。②机场快轨站点停靠时间。机场快轨在每个站点停靠的时间长短为机场快轨站点停靠时间，对于机场快轨来说，客流量的多少是决定机场快轨停站时间长短的一个重要因素。一般情况下，机场快轨运营商会根据机场快轨不同的客流量做出调整。为了研究的方便性，在实际机场快轨运行途中，一般采用10秒或5秒的整数倍作为站点停靠时间，本章中忽略机场快轨站点停靠时间。③机场快轨发车间隔。在同一个站点，两辆相邻的机场快轨发车时间的间隔即为机场快轨的发车间隔。发车间隔的主要影响因素也是机场快轨的客流量。国内很多轨道交通都分为运行高峰期和运行平峰期，分别设定不同的发车间隔，以满足不同时间段内乘客的需求。对于机场发车间隔来说，一般具有最大发车间隔和最小发车间隔的限制，限制主要由机场快轨运营商根据机场快轨的数量和机场快轨的客流量确定。④机场快轨最大载客量。机场快轨的最大载客量是指机场快轨能够一次性载人的最大限制，最大限制是按机场快轨车辆的设计来制定的，与时间和乘客需求量都无关。例如，首都国际机场快轨最大载客量约为 1 400 人，也就是首都国际机场快轨一次发车最多承载 1 400 人次。

4.2.1.3　机场快轨时刻表优化模型

旅客出行成本包括总的时间成本与票价，但由于机场快轨相对机票票价较低，因此不是旅客出行考虑的主要原因。本章研究过程中，将旅客的出行成本定为旅客的等待时间，具体目标函数定为旅客的总体等待时间，表示如下。

$$\min t = \sum_{0}^{a(k)} t(k) \tag{4-5}$$

满足

$$1 \leqslant b \leqslant M \tag{4-6}$$

$$f_{\min} \leqslant f_1 \leqslant f_{\max} \tag{4-7}$$

$$0 \leqslant \sum_{t_1}^{t_2} a(t) \leqslant N_0 \tag{4-8}$$

式（4-6）表示机场快轨编组辆数约束。式（4-7）表示机场快轨的发车频率约束，是使得机场快轨在保证服务水平和市场竞争力的同时受最终运行间隔的限制。式（4-8）表示机场快轨最大载客量的约束条件。其中，f_1、f_2 分别表示高峰期和平峰期的机场快轨发车频率；b 为某个时间段内所需机场快轨编组辆数；M 为机场快轨最大允许编组辆数；N_0 表示机场快轨满载载客量；t_1、t_2 分别表示机场快轨两个相邻的时间间隔；$a(t)$ 表示 t_1、t_2 时间段内的等待乘车旅客量；$t(k)$ 为每位乘客的等待时间。

机场快轨运营商的收益可以用来维持机场快轨的正常运营，应对各种突发的事件，它等于机场快轨运营成本与乘客的票价收入的差值。机场快轨运营商的成本主要包括固定设备成本、固定设备更新和维护成本以及工作人员的工资等，这些成本可以进一步划分为固定成本和变化成本。为简化问题，并且考虑到机场快轨固定设备成本是一次性消费成本，这里将机场快轨运营商的发车成本设定为机场快轨运营的变化成本，即为机场快轨运行过程中的单位公里损耗，也可简化为机场快轨单次发车损耗。将单次发车的消耗定为机场快轨运营商运营成本的表示形式如下。

$$\min f = \min f_0 \times n \times L - a_0 \times \sum_0^T a(t) \tag{4-9}$$

其中，f 为机场快轨运营商运营成本；f_0 为单位距离运营成本；n 为总发车数量；L 为机场快轨运行线路长度；a_0 为每位乘客乘坐机场快轨的票价；T 为机场快轨当天运行时长。

由于最终成本为旅客等待成本和运营商运营成本的总和，因此应统一单位为成本。对于乘客等待时间成本来说，时间价值＝项目所在地国内生产总值/该城市的总人口/（365-法定节假日）/每天工作时间，机场快轨每趟车的发车成本可以通过查阅资料获取。最终综合考虑机场乘客等待成本和机场快轨运营成本的目标函数如式4-10所示。

$$\min F = t_0 \times \sum_0^{a(k)} t(k) + f_0 \times n \times L - a_0 \times \sum_0^T a(t) \tag{4-10}$$

其中 t_0 为乘客的时间成本单数。

4.2.2　改进的花授粉算法

由于机场快轨仅有一条线路和 5 个站点，属于单线路优化问题，因此机场快轨时刻表优化问题是提升机场旅客出行效率的最直接的方式。通常的时刻表优化问题往往是更改全天的发车间隔或将其分为高峰期、平峰期分别进行优化，以求得到优化后的解，但是有可能并不适用于类似机场客流量在一天内变化巨大的交通枢纽。因此，本节计划通过不仅计算全天发车间隔相同情况下或将其分为高峰期、平峰期的情况下的目标函数值，也要计算无规则时间间隔时的目标函数值，并进行对比，以得出更优解。

花授粉算法与经典的粒子群算法、人工蜂群算法、布谷鸟算法等仿生算法相同，但也存在一些经典的缺点，如易陷入局部最优、易早熟、后期收敛速度慢。因此花授粉算法的改进应着力于提升收敛速度、避免局部最优。结合花授粉算法和机场时刻表优化问题，可总结为是否可以获得最佳的发车时间间隔取决于以下方面：①合理的发车时刻表表达方式；②有效的发车时刻表初始化方法；③有效的时刻表改进方法。

4.2.2.1 时刻表初始化方法

基本花授粉算法的初始化种群是通过随机方法生成的，在时刻表问题上，随机选择的个体适应度较低，会很大程度上降低算法的收敛速度。本章改进后的生成初始种群的方法弥补了这一不足，并且满足机场快轨时刻表的约束条件，不必再进行可行性验证。机场快轨时刻表初始化方法的操作如下。

首先将全天机场快轨工作时间每一分钟一个间隔设定为机场快轨的预备发车时刻。为方便研究，约束条件已设定为在开始工作节点和终止工作节点有一班机场快轨列车工作。将所有机场快轨的预备发车时刻中的第一个发车时刻作为"当前节点"并作为"初始节点"；由于通过翻阅文献，发现机场快轨的发车间隔为 4~12 分钟，因此在"当前节点"的前 4~12 个预备节点中随机选择下一个节点，作为"当前节点"并记录；之后以此类推，循环以上步骤，直到"当前节点"与最后一个预备节点的间隔相差小于或等于 5；同时保存曾作为"当前节点"的点以及第一个和最后一个预备节点，循环结束后表明选择时刻即将结束。当满足所有条件的时刻表生成后，保存当前的时刻表，计算当前时刻表的乘客等待时间、运营商成本以及目标函数值。之后重复上述程序，生成线路组集合，然后利用目标函数值的大小比较，从中择优选择最终的发车时刻表。伪代码如表 4-5

所示。

表 4-5 发车时刻表初始化方法

发车时刻表初始化方法
1：设置初始参数，包括某一天机场快轨所有工作时间内的所有时刻 n、每两个节点之间的间隔为 5~12 个时刻
2：for
3： 开始"当前节点"选择
4： if 是循环的第一次，则将所有预备节点中的第一个节点选定为开始时刻节点
5： else 在"当前节点"中的下 5~12 个预备节点中随机选择一个节点作为新的开始时刻节点
6： 标注这一节点为"当前节点"
7： for
8：   下一时刻节点选择
9：   建立一个时刻节点集合，包含曾经作为"当前节点"的所有时刻节点
10：end "当前节点"和所有预备节点中的最后一个相隔小于等于 5
11：输出初始发车时刻表
12：计算乘客等待时间、运营商成本和目标函数值

4.2.2.2 转换概率自调整

从花授粉算法的步骤看，该算法随机选择一个转换概率进行全局搜索或局部搜索，即在基本花授粉算法中，转换概率 p 是一个常数。在算法执行过程中，全局授粉操作和局部授粉操作的概率不变。但是，如果 p 值过大，全局授粉操作的数量会更多。这种情况下，算法不容易收敛。若 p 值过小，则局部授粉操作次数较多，容易影响局部优化结果。因此，为提高花朵授粉算法的收敛能力，本节对转换概率 p 进行自适应调整。大量实验表明，当转换概率 $p=0.8$ 时，该算法的效果最佳。因此，将基于自适应参数的 p 设置为在 0.8 左右浮动。经过 20 次的实验研究结果显示，当 p 取 0.7 时最适应机场快轨优化问题，因此这里选择 0.75 作为中心转换概率。针对转换概率 $p \in (0, 1)$，用取值 0.15 来控制 p 值在 0.75 附近的取值范围，即自适应 p 值的计算方法如下。

$$p = 0.75 + 0.15 \times rand \qquad (4-11)$$

其中，rand 是 $[-1, 1]$ 之间产生的随机数，该改进方法能够控制 p 值过大或过小。改进算法每次迭代更新 p 值一次，自适应调整全局搜索和局部搜索的执行概率，有效地解决了算法开发能力和探索能力之间的平衡问题。这不仅避免了算法陷入局部最优，而且提高了算法的收敛速度。

4.2.2.3　基于更优个体的改进策略

由于全天 6：20—22：50 以每分钟作为一个维度进行算法运算，数量较大，不容易形成优化结果，因此采用对于优化结果进行一定改进的方式来优化时刻表。由于在算法实验过程中采用二进制表示某时刻是否发车，如果较大规模地改变发车时刻表，则对优化结果影响较大，不利于算法的收敛速度，因此我们决定对每次产生的更优个体进行如下改进操作。

在全天运行时间内均有旅客产生，因此从 7：00—22：00 将全天分为 15 个整小时，共 15 组。不考虑 6：20—7：00 以及 22：00—22：50 的客流量是因为考虑到同时间段内维度的一致性以及机场快轨行驶初期和行驶末期由于客流的积累等原因容易出现较大的波动。然后分别计算每组的目标函数值并进行比较，选择出目标函数值最小和目标函数值最大的两组。用目标函数值最小的组内的发车间隔二进制数据替换目标函数值最大的组内的发车间隔二进制数据，然后进行对比，看是否优于未更换之前的数据。若更优，则替换原时刻表为新时刻表；若达不到更优，则运用原时刻表再进行下一步。例如：在某次迭代过程中，产生了一组时刻表 A，经过计算该时刻表在 15 个整小时即 15 个组中的数据分别为（1，2，3，4，5，6，7，8，9，10，11，12，13，14，15），则用 7：00—8：00 的机场快轨时刻表替换 21：00—22：00 的机场快轨时刻表，产生新的时刻表 B，然后再次进行目标函数计算。若 A 组的目标函数值优于 B，则用 A 组时刻表继续进行迭代运算；若 B 组的目标函数值优于 A 组，则用 B 组时刻表替换 A 组时刻表，运用 B 组时刻表进行迭代运算。表 4-6 展示了基于更优个体的改进策略的伪代码。

表 4-6　基于更优个体的改进策略

基于更优个体的改进策略
1：while 产生一组时刻表
2：　　计算 7：00—22：00 中整小时的 15 个目标函数值
3：　　比较出 15 个目标函数值中的最大值和最小值
4：　　抽取出最大值和最小值对应的发车间隔二进制数据

5：	运用最小值对应的发车间隔二进制数据替换最大值对应的发车间隔二进制数据
6：	if 替换后的整组时刻表对应的目标函数更优
7：	运用替换后的时刻表进行以后步骤
8：	else 运用之前的时刻表进行以后步骤
9：end	

4.2.3 机场快轨时刻表优化实证研究

本节首先使用之前研究者鹿金炜[123]对于机场快轨时刻表优化的研究结果对本章的算法进行优化验证。在之前的研究中，对机场快轨列车运行图的优化是使乘客利益和运营商利益最大化，以减少乘客等待时间和在满足出行需求的前提下节约列车开行成本为目标构建列车时刻表优化模型。为保持和之前研究的一致性，我们选取了9：00—10：00共60分钟的时长作为研究时刻表优化问题的时段。本研究设定等间隔发车和无规则间隔发车两种发车方式，对机场快轨时刻表进行优化设计。在优化过程中，设定了以一个小时内的开行车次数作为基准数据，得出了优化结果。通过输入研究数据，运用改进的花授粉算法进行实证分析，得出表4-7中的对比数据。

表4-7　实证结果对比

开行车次数	参数（元）	先前研究结果	改进的花授粉算法
	乘客等待成本	18 032	17 395
5	运营成本	8 500	8 500
	总成本	26 532	25 895
	乘客等待成本	12 489	12 327
6	运营成本	10 200	10 200
	总成本	22 689	22 527
	乘客等待成本	10 018	9 873
7	运营成本	11 900	11 900
	总成本	21 918	21 773

开行车次数	参数（元）	先前研究结果	改进的花授粉算法
8	乘客等待成本	8 946	8 401
	运营成本	13 600	13 600
	总成本	22 546	25 601
9	乘客等待成本	7 533	7 425
	运营成本	15 300	15 300
	总成本	22 833	22 725
10	乘客等待成本	6 037	5 478
	运营成本	17 000	17 000
	总成本	23 037	22 478
11	乘客等待成本	5 269	4 573
	运营成本	18 700	18 700
	总成本	23 969	23 273
12	乘客等待成本	5 116	4 562
	运营成本	20 400	20 400
	总成本	25 516	24 962

从表4-7中数据可以看出，采用本章改进的方法，最后得到的乘客等待成本和总成本都较之前的研究有了显著提升。其中一小时内发11趟车的乘客等待成本较之前学者的结果分别提升了14%和3%。一小时内发5、6、7、8、9趟车的乘客等待时间成本虽未较之前明显降低或没有降低，但将其水平维持在了一定范围之内。产生较好结果的原因与前文提到的优化时刻表改进方法以及交叉概率的改进有关。结果表明，改进后的算法在优化机场快轨时刻表问题上也具有较强的适用性。

4.2.4 机场快轨时刻表优化扩展实验

这里根据首都国际机场官方网站查到的航班数据，通过仿真方法得到每分钟的到达数据，然后结合其他学者对首都国际机场的问卷调查研究，得到机场快轨每分钟的客流需求量，并和获得的每十分钟机场快轨站实际数据进行对比。若误差在合理范围内，则将处理后的数据作为实验的基础数据。由于机场快轨客流需求量和机场快轨的运行效率关联性极大，随着航班到达数据的变化，乘坐机场快轨的客流需求量也会变化。目前首都国际机场快轨的发车间隔均为 10 分钟，较为单一，但有可能不适用于枢纽机场。因此，根据机场快轨的动态需求量，运用改进的花授粉算法分别对等间隔发车和无规律间隔发车情况进行实验，以求获得优化结果。

4.2.4.1 等间隔发车情况下的机场快轨发车实验

当前首都国际机场快轨采用的均匀发车间隔为 10 分钟一个班次。在等间隔发车的机场快轨发车实验中，采用 1~20 分钟等间隔发车。为方便研究，采用整分钟为间隔，计算出对应的运营商运营成本、乘客等待成本以及总花费。等间隔发车情况下各项花费数据图及具体数据表如图 4-3 和表 4-8 所示。

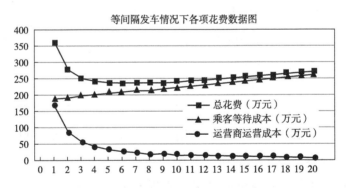

图 4-3 等间隔发车情况下各项花费数据图

表 4-8 等间隔发车情况下各项花费

发车间隔	总花费（万元）	乘客等待成本（万元）	运营商运营成本（万元）
1	358.4	189.9	168.5
2	278	193.7	84.32
3	253.7	197.5	56.27
4	243.5	201.2	42.33
5	238.8	205	33.83

续表

发车间隔	总花费（万元）	乘客等待成本（万元）	运营商运营成本（万元）
6	237	208.7	28.22
7	236.7	216.4	24.31
8	237.4	216.2	21.25
9	238.9	220	18.87
10	240.9	223.9	17
11	243	227.5	15.47
12	245.2	231	14.28
13	248.1	234.9	13.26
14	250.9	238.7	12.24
15	253.6	242.2	11.4
16	256.9	246.1	10.8
17	260.2	250	10.2
18	263.6	254	9.6
19	266.6	257.4	9.2
20	270.2	261.6	8.6

在本案例中，选取研究时段为 6：20—22：50 的客流数据，发车间隔 1~20 分钟，共 20 种情况。由结果数据可以得知发车间隔为 7 分钟时等间隔发车情况下的优化结果，此时总花费为 236.7 万元。优化效果如表 4-9 所示。其中将间隔为 7 分钟的发车情况和现有时刻表的总花费、运营商运营成本和乘客等待成本进行了对比，结果显示前者比后者总花费优化了 1.8%，乘客等待成本优化了 3.4%。

表 4-9 优化效果

发车间隔	总花费（万元）	乘客等待成本（万元）	运营商运营成本（万元）
7	236.7	216.4	24.31
10	240.9	223.9	17
优化幅度	1.8%	3.4%	−30%

4.2.4.2 无规则间隔发车情况下的机场快轨发车实验

本小节将分别采用基本花授粉算法和改进的花授粉算法获取最优化的结果。在基本花授粉算法中，相关参数设置如表 4-10 所示。另外，经过大量实验证明，当转换概率 $p=0.8$ 时，算法的效果最好，因此在花授粉算法中采用 $p=0.8$，并且将变异概率设置为 0.1。迭代次数与目标函数的对数关系如图 4-4 所示。

表 4-10 花授粉算法中的参数设定

研究时段	种群规模	迭代次数	交叉概率	变异概率
6：20-22：50	400	300	0.8	0.1

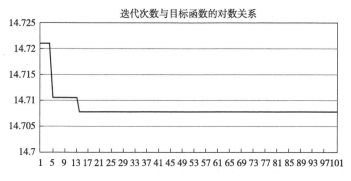

图 4-4 迭代次数与目标函数的对数关系

在不等间隔发车条件下运用基本花授粉算法得到的机场快轨的最优发车时刻表如表 4-11 所示。在运用此发车间隔进行发车时，其总花费、运营商运营成本和乘客等待成本如表 4-12 所示。

表 4-11 不等间隔发车条件下运用基本花授粉算法的实验结果

6：22	8：28	10：50	12：28	15：14	17：14	19：12	21：00
6：28	8：32	10：56	12：40	15：16	17：20	19：14	21：06
6：34	8：38	11：00	12：48	15：18	17：22	19：24	21：14
6：40	9：04	11：02	12：56	15：34	17：24	19：26	21：16

续表

6：42	9：24	11：04	13：00	15：42	17：30	19：28	21：28
6：46	9：26	11：08	13：06	15：54	17：42	19：32	21：34
6：50	9：36	11：14	13：14	15：56	17：52	19：36	21：50
7：06	9：42	11：18	13：22	15：58	18：00	19：40	22：00
7：14	9：44	11：26	13：36	16：00	18：02	19：42	22：04
7：26	9：52	11：36	13：38	16：16	18：14	19：46	22：08
7：28	9：58	11：42	13：46	16：22	18：14	19：56	22：10
7：30	10：04	12：00	13：56	16：24	18：26	20：02	22：20
7：38	10：06	12：04	14：12	16：26	18：38	20：04	22：30
7：40	10：08	12：06	14：14	16：34	18：42	20：10	22：36
7：44	10：12	12：08	14：20	16：34	18：48	20：14	22：44
7：54	10：24	12：14	14：32	16：44	18：50	20：20	22：48
8：02	10：28	12：20	14：42	16：56	18：54	20：22	
8：04	10：38	12：24	14：54	17：08	18：58	20：36	
8：26	10：48	12：26	15：02	17：10	19：04	20：44	

表 4-12　不等间隔发车条件下的最优时刻表花费（运用基本花授粉算法）

发车间隔	总花费（万元）	乘客等待成本（万元）	运营商运营成本（万元）
不等间隔	147.078 2	121.748 2	25.33

接下来，对花授粉算法进行的改进包括优化线路组初始化方法、转换概率的自适应调整方法、基于更优个体的改进策略，运用改进后的花授粉算法对机场快轨时刻表进行实验。获得的迭代次数和目标函数值的关系如图 4-5 所示，优化结果所对应的最优时刻表如表 4-13 所示，最优时刻表对应的花费如表 4-14 所示。

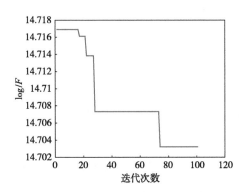

图 4-5　迭代次数和目标函数值的关系

表 4-13　不等间隔发车条件下运用改进的花授粉算法的实验结果

6：22	8：30	10：46	12：58	15：28	17：32	19：08	20：34
6：30	8：34	10：54	13：08	15：34	17：34	19：18	20：36
6：38	9：00	11：00	13：18	15：46	17：36	19：30	20：58
6：46	9：02	11：12	13：22	15：56	17：38	19：32	21：10
6：48	9：08	11：22	13：28	16：06	17：40	19：36	21：12
6：56	9：12	11：30	13：34	16：18	17：46	19：38	21：14
7：02	9：30	11：34	13：36	16：20	17：48	19：40	21：24
7：06	9：32	11：48	13：50	16：24	17：52	19：44	21：36
7：16	9：38	12：00	13：52	16：30	17：58	19：54	21：40
7：20	9：42	12：02	14：02	16：32	18：04	20：00	21：46
7：44	9：44	12：04	14：08	16：34	18：14	20：02	21：48
7：48	9：52	12：08	14：26	16：38	18：20	20：04	21：54
7：50	9：56	12：10	14：28	16：44	18：24	20：14	22：06
8：00	9：58	12：14	14：32	16：48	18：34	20：20	22：08
8：10	10：08	12：24	14：36	17：00	18：42	20：22	22：16
8：14	10：14	12：36	14：40	17：10	18：46	20：24	
8：16	10：20	12：48	14：50	17：16	18：50	20：26	
8：20	10：22	12：52	15：10	17：20	18：56	20：28	
8：22	10：36	12：54	15：26	17：28	19：06	20：30	

表 4-14　不等间隔发车条件下的最优时刻表花费（运动改进的花授粉算法）

发车间隔	总花费（万元）	乘客等待成本（万元）	运营商运营成本（万元）
不等间隔	147.032	121.872	25.16

　　这里分别运用基本花授粉算法和改进的花授粉算法对机场快轨等间隔发车和无规则间隔发车两种发车方式进行了实验，并获取相应条件下最优的时刻表，然后对该时刻表条件下的总花费、乘客等待成本、运营商运营成本进行比较，结果如表 4-15 所示。由表 4-15 可以看出，运用改进的花授粉算法计算出的不等间隔发车情况下的优化结果的花费为 131.032 万元，比当前等间隔 10 分钟发车的情况下的总花费优化了 46%，比等间隔 7 分钟发车的情况下的总花费优化了 45%，比基本花授粉算法的不等间隔发车的总花费优化了 11%。该结果表明，不等间隔发车方式比等间隔发车方式更适合机场快轨，并且改进后的花授粉算法对机场快轨时刻表具有优化效果。

表 4-15　运行结果对比

发车间隔	总花费（万元）	乘客等待成本（万元）	运营商运营成本（万元）
7min	236.7	216.4	24.31
10min	240.9	223.9	17
基本花授粉算法的不等间隔发车	147.078 2	121.748 2	25.33
改进的花授粉算法的不等间隔发车	131.032	105.872	25.16

5 启发式算法在航空器
地面滑行路径规划中的应用

本章主要介绍启发式算法在航空器地面滑行路径规划中的应用。首先对航空器地面滑行路径优化模型进行构建；其次，对初始化方法和花授粉算法进行改进；最后，对大中型机场如上海虹桥国际机场和北京大兴国际机场进行实验研究，对实验结果的优化效果进行评估。

5.1 航空器地面滑行路径优化

在算法机制的设计中，首先构建路径优化模型，对每一个参数进行详细的阐述，根据地面运行综合情况确定模型的约束条件，使得目标函数满足系统要实现的目标。针对地面滑行路径规划中的复杂性和实时性要求，本章从构建初始解和改进搜索策略两方面进一步改进研究算法，从而提高路径规划的效率和准确性。

5.1.1 优化模型构建

在构建航空器地面滑行路径优化模型过程中，需要具体考虑到模型的参数定义、约束条件和目标函数，使得模型构建的结果尽可能地与实际情况相符合，能够适用于类似的问题或情境，而不只局限于特定的案例或数据。

5.1.1.1 参数定义

运输机场总体规划规范、航空情报原始资料审核工作手册和航路图 EAIP 中的机场规划说明详细记录了飞机在地面滑行过程中涉及的参数信息。其中包括：起飞飞机数量；每架飞机从跑道端起飞到空域的流量；机场廊桥数量和远机位数量；每架飞机必有一条跑道供飞机起飞，飞机未滑行到跑道不起飞；飞机在正常情况下滑行速度为平均速度；机场默认撤轮档时间为航班计划起飞时间；航班实际起飞时间；飞机在冲突区域遇到冲突情况的等待时间；飞机经过的冲突区域个数；飞机滑行到跑道端的等待时间；飞机从起始机位滑行到跑道端的距离。这里作如下设置：N_t 为单日飞机起飞数量；$t \in N_t$ 为单架起飞飞机；N_w 为空域流量；N_f 为机场总机位数量（廊桥数量和远机位数量之和）；N_r 为机场跑道数量；X_{kr} 为航班 k 分配到跑道 r 上起飞；V 为飞机滑行过程中的平均速度；T_p 为飞机实际撤轮档时间，即航班计划起飞时间；T_o 为航班实际起飞时间；W_1 为飞机在滑行过程中遇到冲突的等待时间，即冲突点平均等待时间；N_c 为飞机途径冲突点数量；T_d 为所有起飞航班到达跑道口等待起飞时间，即跑道口等待延误时间；A_f 为总延误时间；L 为飞机在单一跑道上的滑行距离；T 为总滑行时间；minT 为离场航班的最短总滑行时间。

5.1.1.2 约束条件

飞机在地面滑行过程中会面临机场环境和机场塔台的影响，基于滑行道受限因素和地面管制限制，本章对模型提出如下约束条件。

（1）离场航班的最早推出时间为 T_t。

$$T_t = 5\text{min} \tag{5-1}$$

（2）离场航班地面平均滑行时间为 V。

$$V = 50\text{km/h} \tag{5-2}$$

（3）根据 2022 年中国大中小型客机占比得出中型客机占比较大，因此航班类型采用中型客机规模，离场航班平均乘客数量为 N_{um}。

$$N_{um} = 150/\text{人} \tag{5-3}$$

（4）离场航班的总机位个数应该大于等于 M_1，小于等于 M_2（M_1、M_2 应该根据机场实际情况决定）。

$$M_1 \leq N_f \leq M_2 \tag{5-4}$$

（5）机场每个机位发出的飞机个数应该大于等于 F_1，小于等于 F_2（F_1、F_2 应该根据机场实际情况决定）。

$$F_1 \leq F \leq F_2 \tag{5-5}$$

（6）离场航班的跑道个数应该大于等于 N_{r1}，小于等于 N_{r2}（N_{r1}、N_{r2} 应该根据机场规模和场面规划情况决定）。

$$N_{r1} \leqslant N_r \leqslant N_{r2} \tag{5-6}$$

（7）飞机在地面滑行过程中遇到冲突点的个数应该大于等于 N_{c1}，小于等于 N_{c2}（N_{c1}、N_{c2} 应该根据飞机实际遇到的冲突点个数决定）。

$$N_{c1} \leqslant N_c \leqslant N_{c2} \tag{5-7}$$

（8）飞机在地面滑行过程中碰到延误情况所产生的总延误时间应该大于等于 A_{f1}，小于等于 A_{f2}，其中总延误时间为冲突点个数乘以冲突点平均等待时间加上跑道口等待延误时间之和（A_{f1}、A_{f2} 应该根据飞机实际延误情况决定）。

$$A_f = W_1 \times N_c + T_d \tag{5-8}$$

$$A_{f1} \leqslant A_f \leqslant A_{f2} \tag{5-9}$$

（9）离场航班的计划起飞时间应该大于等于 T_1，小于等于 T_2（T_1，T_2 应该根据乘客登机情况和飞机检查情况决定）。

$$T_1 \leqslant T_p \leqslant T_2 \tag{5-10}$$

（10）任一航班 $t \in N_t$ 在地面滑行过程中只能经过一条跑道。

$$\sum_{r=1}^{N_r} X_{kr} = 1，（k = 1, 2, \cdots, N） \tag{5-11}$$

（11）研究期间默认天气正常，空域流量无约束。

$$0 < N_w < +\infty \tag{5-12}$$

（12）离场航班的最短总滑行时间应该大于 0，小于等于 T_0。

$$0 < T_p \leqslant T_0 \tag{5-13}$$

5.1.1.3　目标函数

结合参数定义和约束条件，本章目标函数定义为离场航班的最短总滑行时间。式（5-14）中的分子表示每条线路上所有乘客的正常滑行时间和撤轮挡时间之和的累积，分母表示总线路中的所有乘客数量。分式结合总机位数量表示离场航班的正常总滑行时间，另外考虑到飞机在滑行过程中遇到各类延误情况，将飞机滑行平均总延误时间与前面式子结合得到完整的目标函数，使得目标函数贴合现实需求。

$$\mathrm{minT} = \frac{\sum\limits_{i=1}^{N_f}\left(\dfrac{L_i}{V}\times X_{kr}\times \mathrm{num}\times F + T_p\right)}{\sum\limits_{i=1}^{N_f}(\mathrm{num}\times F)}\times N_f + A_f \qquad (5-14)$$

5.1.2　基于花授粉算法的改进设计

机场地面路径规划是机场场面运行的第一步，也是航空系统运行的基础。路径规划的核心问题是如何对现有的路径规划进行改进。如果是只考虑每条路径的最短地面滑行距离或只考虑每条路径经过的最短节点个数，则无法确定整个线路集的滑行时间最短，单条线路的设计如果不合理可能会严重降低飞机整体滑行效率。因此为实现路径规划设计的可行性，应综合考虑以上两种情况。接下来将详细介绍基本花授粉算法的改进设计。

5.1.2.1　初始解构建方法

在进行初始解集合的优化和构建过程中，本节从以下 3 个角度（可适用性、可扩展性和高效率）对初始解构建方法进行详细阐述。

1）可适用性

本节将机场远机位和廊桥所在位置的点的集合统一归纳为起始点的集合。虽然默认机场同一时刻所有飞机同时出发，但是根据实际情况每架飞机的出发时间有细微误差，因此在起始点的顺序排列上初步选择随机数生成、混沌映射和递归算法。因为起始点集合包含的数据是数组对应的索引坐标，所以数据值为整数，而混沌映射生成的初始解集合不为整数，因此不考虑混沌映射构建初始解。应用随机数生成和递归算法均可以得到整数形式的起始点集合。

2）可扩展性

由于机场地面滑行路径数据繁多且复杂，为保证每一架飞机在滑行过程中有多种选择，同时能够缩短因遇到冲突点而产生的延误时间，本节在程序运行中要确保系统面对大量数据信息和增加的负载情况时能够保持性能，并考虑到路径线路的所有可能。

3）高效率

本节在程序中设置时间函数，在初始点集合优化过程中对比应用随机数生成和递归算法后的集合，结果发现中型机场和大型机场应用递归算法的计算速度和运行效率要高于随机数生成。

初始解构建方法的具体操作如下：在所有由机位构成的起始点中随机选择一个点成为该条线路的起点；找到与此点连接的其他点集合，并在集合中随机选择一个点作为该条线路的第二个节点，该点即当前节点；找到与当前节点相连的点为一个集合，从中随机选择一个点继续作为当前节点，直到该节点与跑道节点重合；如果当前节点不存在相邻节点，程序将会反向寻找，重复之前的步骤；每生成一条新线路前去除上一条线路中所有出现过的点；以此类推，直到从每一个不同起始点出发的线路终点节点均为跑道节点。在满足所有的约束条件后，保存当前线路组，计算目标函数。之后循环上述程序运行生成的初始线路组集合。伪代码见表5-1，初始线路集流程图见图5-1。

表5-1　初始解构建方法

初始解构建方法

1：设置初始参数，线路集包含的线路条数 Nf

2：for

3：　　开始节点选择

4：　　if 是循环第一次，机位中选择一个节点作为开始节点

5：　　else 机位中选择之前未被选择的节点作为新的开始节点

6：　　标注这一节点为当前节点

7：　　for

8：　　　下一节点选择

9：　　　建立一个节点集合，包含与开始节点直接相连的所有节点

10：　　　随机选择一个点加入当前线路中，标记此点为当前节点

11：　　end 当前线路终点节点为跑道节点

12：　　if 当前节点不存在相邻节点，返回上一节点寻找相连节点

13：end 达到设定的线路条数

14：输出初始线路集

15：计算目标函数

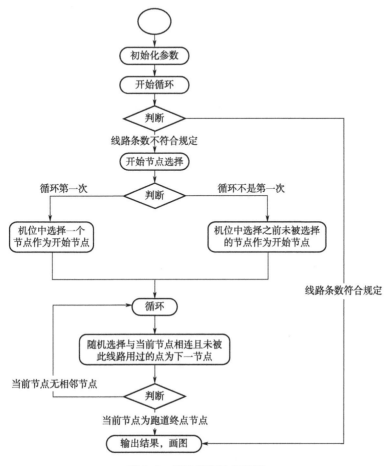

图 5-1 线路组初始化流程

5.1.2.2 搜索策略改进

1）冲突等待策略

不同飞机从滑行道出发后同时滑行到同一个路口，该路口定义为冲突点。飞机滑行到冲突点的情况分为三类。第一类是飞机在经过滑行道交叉路口时，其他经过交叉路口的飞机在满足航空器间隔条件的安全距离外等待。第二类是不同飞机在同方向经过冲突点，除第一架到达飞机外的其他飞机在满足航空器间隔条件的安全距离外等待。第三类是不同飞机在相反方向经过冲突点，落后对面飞机的其他飞机在满足航空器间隔条件的安全距离外等待。本节引入冲突点的观念和排队论的思想，3 种情况下飞机依据先到先服务策略确定飞机滑行顺序，避免产生较长延误时间。表 5-2 是冲突等待策略的伪代码。

表 5-2　冲突等待策略

冲突等待策略
1：设置初始参数：飞机 P_1、飞机 P_2、飞机满足航空器间隔条件的安全距离 S、飞机 P_1 距离冲突点的距离 S_1、飞机 P_2 距离冲突点的距离 S_2
2：for
3：　　判断当前节点是否为冲突点
4：　　if 当前节点为冲突点
5：　　　for 每一个冲突点
6：　　　　if 两架飞机经过滑行道交叉路口
7：　　　　　if 飞机 P_1 先到达交叉路口
8：　　　　　　飞机 P_1 正常滑行，$S_2 > S$
9：　　　　　else
10：　　　　　　飞机 P_2 正常滑行，$S_1 > S$
11：　　　　else if 两架飞机在同方向经过冲突点
12：　　　　　if 飞机 P_1 先到达冲突点
13：　　　　　　飞机 P_1 正常滑行，$S_2 > S$
14：　　　　　else
15：　　　　　　飞机 P_2 正常滑行，$S_1 > S$
16：　　　　else if 两架飞机在相反方向经过冲突点
17：　　　　　if 飞机 P_1 先到达冲突点
18：　　　　　　飞机 P_1 正常滑行，$S_2 > S$
19：　　　　　else
20：　　　　　　飞机 P_2 正常滑行，$S_1 > S$
21：　　　　end if
22：　　　end for
23：end 飞机按照顺序滑行

2）局部搜索策略

滑行总距离和冲突点个数影响着飞机的整体滑行延误时间，尽可能地减少冲突点是减少飞机滑行延误时间的关键。因此，飞机在遇到冲突点时要进行局部搜索，即当当前节点遇到冲突点时，标记当前节点为冲突点，冲突点个数超过规定范围则返回上一节点记为当前节点，并在相邻集合中随机选择任一节点作为下一节点以避免冲突，这种对环境动态变化的适应性可以提高算法的鲁棒性和性能。表5-3是局部搜索策略的伪代码。

表5-3　局部搜索策略

局部搜索策略
1：设置初始参数，冲突点个数 n，线路集包含的线路条数 N_f
2：for
3：　　判断当前节点是否为冲突点
4：　　if 当前节点为冲突点
5：　　标注这一节点为当前节点
6：　　for
7：　　　　冲突点个数大于 N，返回上一节点，在节点集合中随机选择一个不为冲突点的节点加入当前线路中，标记此点为当前节点
8：　　end 当前线路终点节点为跑道节点
9：　　if 当前节点不存在相邻节点，返回上一节点寻找相连节点
10：end 达到设定的线路条数
11：输出线路集
12：计算目标函数

5.2　实证研究

5.2.1　上海虹桥国际机场实验数据

本节首先参考上海虹桥国际机场网络图（如图5-2所示），从网络图中采集近机位个数、路径节点个数、跑道个数、路径距离等结构化数据，对数据进行清洗、去重、异常值处理后得到初始实验数据集。

数据分析与结果如下。

本节设定虹桥机场包含10个近机位、90个节点、4个终点数和10条线路条数。当多重线路出现交叉情况时，标记一处冲突点，不断迭代直到线路集遇到冲突点数最小。程序迭代次数为100，取实验最优结果。采用Java进行编程，选取某一天实验结果可以直观看到每条路径都从起始点出发滑行到终点。虹桥机场优化线路图见图5-3，虹桥机场优化线路集见表5-4。

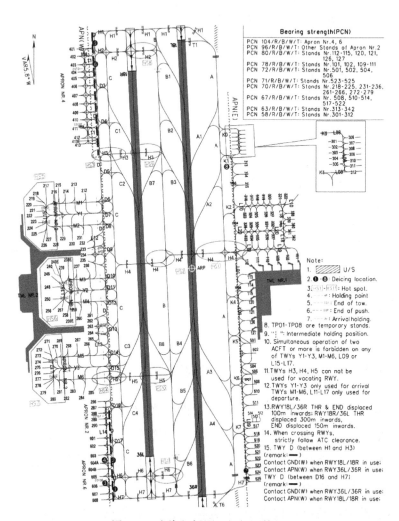

图 5-2 上海虹桥国际机场网络图

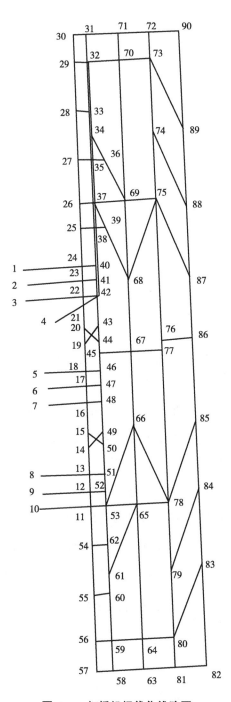

图 5-3 虹桥机场优化线路图

表 5-4　虹桥机场优化线路集

线路序号	路径集
1	1-24-25-26-27-28-29-30-31
2	2-23-41-40-38-37-35-34-33-32-70
3	3-22-42-41-40-38-37-35-34-33-32-70-73-72-90
4	4-42-41-40-38-37-35-34-33-32-31-71
5	5-18-19-20-21-22-23-24-25-26-27-28-29-32-70
6	6-17-18-19-20-21-22-23-24-40-38-37-35-34-33-32-31-71
7	7-16-48-49-50-51-52-53-62-61-60-59-58-63
8	8-13-12-11-54-55-56-57-58-63
9	9-12-52-53-62-61-60-59-64
10	10-11-54-55-56-59

为证明实验结果的可行性和高效率，每 100 次迭代算法随机选取 10 次实验最优结果。默认每个机位只发出一架飞机，目标函数值单位为 min。优化效果评估见表 5-5。通过表中得知，10 次实验中蚁群算法和 Q-learning 算法的目标函数值基本低于花授粉算法的目标函数值（如图 5-4 所示），并且基本花授粉算法与改进后的花授粉算法相比目标函数值增加率不超过 1%，普遍在 0.07% 上下浮动（如图 5-5 所示）。目标函数最优值为飞机在地面滑行时经过冲突点并且冲突点个数低于冲突点规定范围，在算法迭代过程中，实验获得的最优值为 2090，与改进的花授粉算法目标函数相比误差率在 8% 左右，算法稳定性强，优化效果较好。

表 5-5　优化效果评估

循环次数	目标函数值-T_1	目标函数值-T_2	目标函数值-T_3	目标函数值-T_4	目标函数值增加率
	（蚁群算法）	（Q-learning 算法）	（花授粉算法）	（改进的花授粉算法）	$(T_3-T_4)/T_4$
1	2 354.71	2 353.42	2 353.40	2 350.09	0.14%

续表

循环次数	目标函数值-T_1	目标函数值-T_2	目标函数值-T_3	目标函数值-T_4	目标函数值增加率
	（蚁群算法）	（Q-learning算法）	（花授粉算法）	（改进的花授粉算法）	(T_3-T_4) /T_4
2	2 354. 72	2 354. 84	2 354. 19	2 352. 98	0.05%
3	2 300. 32	2 313. 53	2 277. 37	2 275. 93	0.06%
4	2 363. 23	2 359. 84	2 353. 26	2 351. 13	0.09%
5	2 362. 42	2 365. 46	2 351. 45	2 349. 97	0.06%
6	2 363. 64	2 363. 85	2 363. 19	2 361. 32	0.08%
7	2 358. 95	2 391. 43	2 352. 98	2 352. 38	0.03%
8	2 350. 12	2 350. 10	2 350. 63	2 349. 39	0.05%
9	2 351. 59	2 350. 54	2 349. 12	2 348. 23	0.04%
10	2 354. 85	2 352. 45	2 351. 32	2 350. 21	0.05%

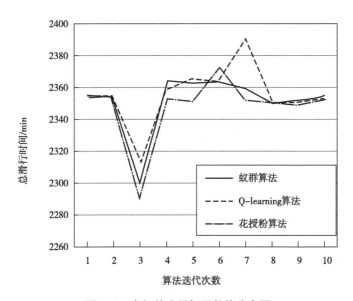

图 5-4　离场航班目标函数值分布图

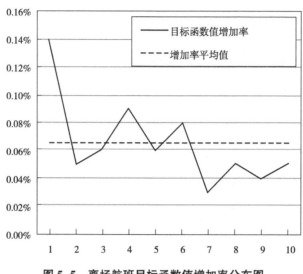

图 5-5　离场航班目标函数值增加率分布图

5.2.2　北京大兴国际机场实验数据

北京大兴国际机场是中国目前规模最大、设施最先进的机场之一。大兴机场跑道包括南北方向的并行跑道和东西方向的跑道，使机场能够同时容纳多个航班的起降操作。作为北京市的第二个国际机场，大兴机场每天有大量的国内航班起降，连接着国内多个城市。本节首先参考北京大兴国际机场网络图（如图5-6所示），从网络图中采集近机位个数、路径节点个数、跑道个数、路径距离等结构化数据，对数据进行清洗、去重、异常值处理后得到初始实验数据集。

数据分析与结果如下。

本节设定大兴机场包含20个近机位、207个节点、6个终点数和20条线路条数。当多重线路出现交叉情况时，标记一处冲突点，不断迭代直到线路集遇到冲突点数最小。程序迭代次数为100，取实验最优结果。采用Java进行编程，实验结果可以直观看到每条路径都从起始点出发滑行到终点。大兴机场优化线路图见图5-7，优化线路集见表5-6。

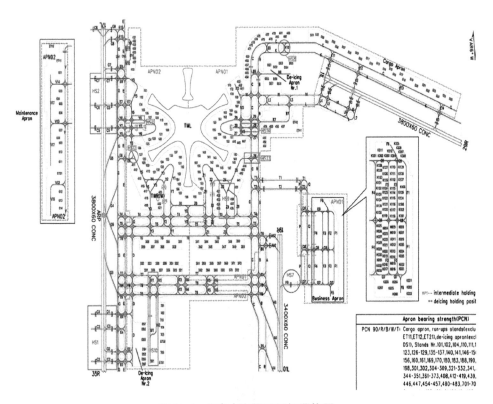

图 5-6　北京大兴国际机场网络图

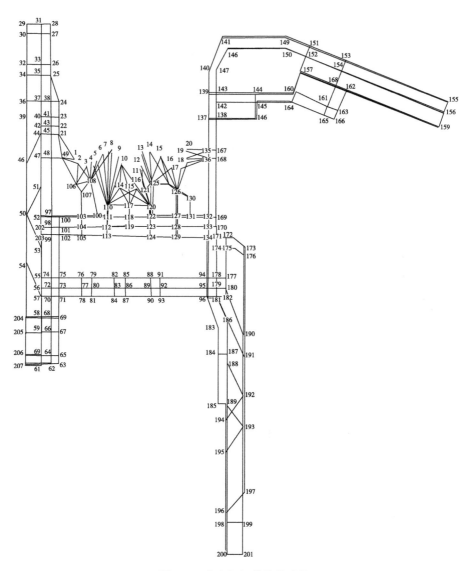

图 5-7　大兴机场优化线路图

表 5-6 大兴机场优化线路集

线路序号	路径集
1	1-21-22-23-24-25-26-27-28-31-29
2	2-49-48-47-44-42-49-37-35-33-32-30-29
3	3-106-49-48-45-43-41-38-25-35-34-32-30-29
4	4-108-107-103-104-105-102-99-203-53-55-56-57-58-59-60-61
5	5-108-109-103-100-97-52-202-203-53-55-56-57-58-59-60-206-207
6	6-108-106-49-48-47-44-42-40-37-36-34-32-30-29
7	7-110-111-112-113-105-102-75-73-71-69-67-65-63
8	8-110-111-112-104-101-98-202-203-53-55-56-57-58-59-205-206-207
9	9-110-111-109-103-100-97-98-99-74-72-70-68-66-64-62-61-207
10	10-115-117-118-119-112-113-105-102-75-73-71-69-68-58-204-205-206-207
11	11-116-121-120-122-127-131-132-169-168-167-138-146-145-164-165-166-163-162-159
12	12-125-126-130-131-132-135-136-137-139-143-144-160-157-158-162-159
13	13-125-120-122-127-131-132-133-134-94-95-96-181-186-187-188-189-194-195-196-198-200
14	14-126-127-128-129-134-94-95-96-183-184-185-189-194-195-196-198-200
15	15-126-127-128-133-170-171-174-178-179-181-186-187-188-189-194-195-196-198-200
16	16-126-127-128-129-134-171-172-173-176-190-191-192-193-197-196-198-200
17	17-135-136-137-139-140-141-149-15-153-154-158-162-159
18	18-135-136-137-139-143-144-160-157-158-162-159
19	19-136-137-138-142-143-147-148-150-152-154-156-159
20	20-136-167-138-142-145-164-160-161-158-159

　　为证明实验结果的可行性和高效率，每 100 次迭代算法随机选取 5 次实验最优结果。默认每个机位只发出一架飞机，目标函数值单位为 min。由于机场停机位过多，本次实验研究离场航班从近机位出发的最短总滑行

时间，优化效果评估见表5-7。通过表中得知，5次实验中蚁群算法和Q-learning算法的目标函数值基本低于花授粉算法的目标函数值（如图5-8所示），目标函数值增加率普遍在0.01%上下浮动（如图5-9所示），远低于案例实验目标函数值增加率。目标函数最优值为飞机在地面滑行时经过冲突点并且冲突点个数低于冲突点规定范围，在算法迭代过程中，实验获得的最优值为4580，与改进的花授粉算法目标函数相比误差率在13%左右，优化效果良好。

表5-7　优化效果评估

循环次数	目标函数值-T_1 （蚁群算法）	目标函数值-T_2 （Q-learning算法）	目标函数值-T_3 （花授粉算法）	目标函数值-T_4 （改进的花授粉算法）	目标函数值增加率 $(T_3-T_4)/T_4$
1	5 271.6	5 271.2	5 270.9	5 270.5	0.008%
2	5 413.9	5 365.8	5 345.2	5 344.2	0.019%
3	5 390.7	5 386.5	5 385.0	5 384.4	0.011%
4	5 488.2	5 487.9	5 485.1	5 484.9	0.004%
5	5 200.4	5 198.3	5 197.2	5 196.8	0.008%

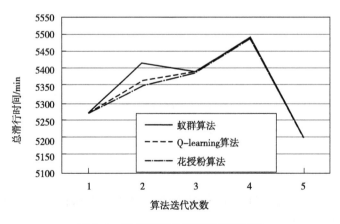

图5-8　离场航班目标函数值分布图

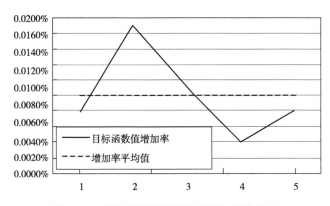

图 5-9　离场航班目标函数值增加率分布图

6 结论与展望

本书聚焦启发式算法在实际领域的应用，重点介绍公交线路设计问题、机场巴士网络设计问题、机场快轨时刻表优化问题和航空器地面滑行路径规划问题中启发式算法的具体实现路径和改进方式。最后通过实验，验证启发式算法的可行性和有效性。

对于公交线路设计问题，本研究对启发式算法进行改进，以适应当前大规模城市规划问题。优化方法的设计在节省程序运行时间、使程序较快收敛、提高线网合理性和有效性上发挥了巨大作用，能够为相关问题的研究者提供一个进行方法、模型、数据等比较的平台。作者在前人的研究基础上，结合了自己对问题的理解、思考与研究，因此本研究的特色与新颖之处主要有以下两点：①以单目标为出发点，以乘客平均出行成本最小为优化目标，提出了较为合理的数学模型，包括 UTRP 问题的描述及约束条件等。在此，将乘客的出行成本狭义定为乘客的出行时间。之后，根据问题的特殊性，改进了花授粉算法，提出了初始线路集生成方法，并将动态转换概率与消除冗余方法应用其中。②为完整地考虑问题，将线路个人分摊成本加入模型中，改进了多目标优化算法。在线路组初始化过程中使用功效系数法处理两个目标函数，辅助初始化进程；增加交叉算子，扩大结果的多样性。最后在 Mandl 和 Mumford 网络实验的基础上，设计并开发了一个数据生成程序，以增加基准研究数据来满足研究需要，进而进行扩展实验。

对于机场巴士线路设计问题，本研究以机场巴士线路设计为出发点，以满足最大客流量需求为优化目标，提出了较为合理的数学模型，包括机场巴士线路设计问题的描述及约束条件等。在此，将每单位距离的最大乘客出行密度作为目标函数。之后，根据问题的特殊性，改进了果蝇算法，提出了初始线路集生成方法、线路组转换方法，并将线路评价方法应用其中。为更加系统地考虑机场巴士网络设计问题，还进一步对机场巴士时刻表设计问题进行研究。这里将乘客的出行成本狭义定为乘客的出行时间，并对果蝇算法进行下一步改进，结合时刻表问题的具体特点，引入种群间的突变和寻优机制，以增加群体的适应度。最后对机场巴士网络设计问题进行实证研究，以检验模型和算法的效用，并利用仿真设计基于实际的数据生成程序，以增加基准研究数据来满足研究的需要。

对于机场快轨时刻表优化问题，本研究构建了机场模型进行仿真，在仿真运用流体动力学的原理基础上增加了组队行人等特性，添加了调研获取的首都国际机场旅客特性参数，获取了机场快轨每个时刻的需求客流量。研究者以优化机场快轨时刻表为出发点，以乘客出行成本和运营商运营成本最小为优化目标，提出了较为合理的数学模型，包括机场快轨时刻表优化问题的描述和约束条件设置等。在此，将乘客的出行成本定为乘客等待时间成本，将机场快轨的票价收益算入运营商成本中，将机场快轨运营商运营成本定义为总共发车次数对应的运营发车成本和机场快轨票价的差值。根据机场快轨时刻表优化问题的特殊性，改进了花授粉算法，提出了初始时刻表生成方法、转换概率的自适应调整方法、基于更优个体的改进策略。

对于航空器地面滑行路径规划问题，本研究的路径优化模型中引入了"冲突点"数量，并以航空器地面总滑行时间最短作为优化目标，结合实际约束条件，提出符合现实的数学模型。由于飞机在滑行过程容易与其他飞机发生冲突，繁忙机场的冲突点数量较多容易产生较长延误时间，本书提出将冲突点数量引入模型中，使得飞机在滑行过程中产生的延误时间最少，从而缩短了飞机的平均滑行时间。在确定花授粉算法为本研究的算法后，在算法机制中从可适用性、可扩展性和高效率3个角度对初始解进行构建，对花授粉算法进行改进时采用冲突等待策略和局部搜索策略，得到的实验结果优化效果优于其他启发式算法。本研究由于具有普适性特点，因此应用其他大型机场相关数据后得到的优化结果可以为机场工作人员提供决策支持，并供其他研究者对比本书大型机场实验数据确定实验方法的有效性。

　　随着技术的不断进步和应用场景的不断拓展，启发式算法将在更多领域发挥重要作用。它不仅可以帮助人工智能做出更准确的决策，还可以提升人工智能的自主学习能力和创新能力。当人工智能具备了更强的迭代思考和拓展性推理能力时，它将能够更好地适应复杂多变的环境，为人类带来更多的惊喜和便利。创造可以遇见的未来，启发式算法作为智慧化人工智能的重要组成部分，正引领着未来科技的迭代思考与拓展性推理。它为我们打开了一扇通往智慧未来的大门，但同时也带来了许多值得探讨的问题和解决方案。让我们共同期待这个充满无限可能的智慧时代。

参考文献

［1］Mandl C E. Applied Network Optimization. Academic, London, 1979.

［2］Mandl C E. Evaluation and Optimization of Urban Public Transport Networks, Third Congress on Operations Research, Amsterdam, Netherlands, 1979.

［3］Mandl C E. Evaluation and optimization of urban public transportation networks ［J］. European Journal of Operational Research, 1980, 5 (6): 396-404.

［4］Ceder A, Wilson N H M. Bus network design ［J］. Transportation Research Part B, 1986, 20 (4): 331-344.

［5］Baaj M H, Mahmassani H S. Hybrid route generation heuristic algorithm for he design of transit networks ［J］. Transportation Research Part C, 1995, 3 (1): 31-50.

［6］Pattnaik S B. Urban Bus Transit Route Network Design Using Genetic Algorithm ［J］. Journal of Transportation Engineering, 1998, 124 (4): 368-375.

［7］Partha Chakroborty. Genetic Algorithms for Optimal Urban Transit Network Design ［J］. Computer-Aided Civil and Infrastructure Engineering, 2003, 18 (3): 184-200.

［8］Fan L, Mumford C L. A Simplified Model of the Urban Transit Routing Problem ［C］. The 7th Metaheuritstics International Conference, Montreal, Canada, 2007.

［9］Fan L, Mumford C L, Evans D. A simple multi-objective optimization algorithm for the urban transit routing problem ［C］// Evolutionary

Computation, 2009. CEC 09. IEEE Congress on. IEEE, 2009：1-7.

[10] Fan L, Mumford C L. A metaheuristic approach to the urban transit routing problem [J]. Journal of Heuristics, 2010, 16 (3)：353-372.

[11] Mumford C L. New heuristic and evolutionary operators for the multi-objective urban transit routing problem [C] // Evolutionary Computation. IEEE, 2013：939-946.

[12] 夏伟民，黄斌，陈绍仲．城市公共交通线路的优化设计 [J]．运筹学学报，1985 (1)：56-61.

[13] 张启人，熊桂林．公共交通大系统建模与优化 [J]．系统工程，1986 (6)：27-41.

[14] 刘清，衷仁保，朱志勇，等．实现城市公交线网优化的数学模型和广义 A~＊算法 [J]．系统工程理论与实践，1992, 12 (2)：11-17.

[15] 张国伍，钱大琳．公共交通线路网多条最短路径算法 [J]．系统工程理论与实践，1992, 12 (4)：22-26.

[16] 林柏梁，杨富社，李鹏．基于出行费用最小化的公交网络优化模型 [J]．中国公路学报，1999 (1)：81-85.

[17] 韩印，李维斌，李晓峰．城市公交线网调整优化 PSO 算法 [J]．中国公路学报，1999 (3)：100-104.

[18] 韩印，杨晓光．一种新的公交网络非线性双层优化模型的提出及其求解算法 [J]．交通与计算机，2005 (4)：11-14.

[19] 胡启洲，邓卫，田新现．基于四维消耗的公交线网优化模型及蚁群算法 [J]．东南大学学报（自然科学版），2008 (2)：304-308.

[20] 王瑶．城市公交线网优化方法研究与应用 [D]．成都：西南交通大学，2006.

[21] 胡圣华．城市公交线网优化方法研究 [D]．重庆交通大学，2009.

[22] 赵毅．基于遗传算法的城市公交路线优化问题研究 [D]．海南大学，2012.

[23] 魏强．城市常规公交线网优选模型和方法研究 [J]．公路与汽

运，2013（1）：36-39.

［24］孙明明．常规公交线网优化的数学模型构建及算法研究［D］.长安大学，2014.

［25］柏伟，江欣国，章国鹏．基于中间站最优的公交线路优化调整研究［J］.交通运输系统工程与信息，2016，16（1）：155-161.

［26］张辉．城市公交网络结构分析及公交网络设计研究［D］.北京交通大学，2016.

［27］戴杨铖．考虑行程时间可靠性的城市高铁快巴线路优化方法研究［D］.北京交通大学，2018.

［28］巩敦卫，刘益萍，孙晓燕，韩玉艳．基于目标分解的高维多目标并行进化优化方法［J］.自动化学报，2015，41（8）：1438-1451.

［29］Zhang Q，Li H. MOEA/D：A Multiobjective Evolutionary Algorithm Based on Decomposition. IEEE Transactions on Evolutionary Computation，2007，11（6）：712-731.

［30］Li K，Kwong S，Zhang Q，et al. Interrelationship-Based Selection for Decomposition Multi-objective Optimization. IEEE Trans Cybern，2015，45（10）：2076-2088.

［31］Yuan Y，Xu H，Wang B，et al. Balancing Convergence and Diversity in Decomposition-Based Many-Objective Optimizers. IEEE Transactions on Evolutionary Computation，2016，20（2）：180-198.

［32］Deb K，Pratap A，Agarwal S，et al. A fast and elitist multiobjective genetic algorithm：NSGA-II. IEEE Transactions on Evolutionary Computation，2002，6（2）：182-197.

［33］陶浪，马昌喜，朱昌锋，王庆荣．基于遗传算法的定制公交路线多目标优化［J］.兰州交通大学学报，2018，37（2）：31-37.

［34］中国民用航空局发展计划司．从统计看民航［M］.北京：中国民航出版社，2017.44-73.

［35］北京市规划和自然资源委员会．《北京大兴国际机场临空经济区总体规划（2019—2035年）》［D］.2019

［36］赵明明.多航站区背景下的枢纽机场地面交通规划研究［D］，中国民航大学，2017.

［37］李拂帘.探索机场巴士运营新模式-西安咸阳国际机场汽车运输有限责任公司.发展纪略［J］.运输经理世界，2009，5（11）：57-57.

［38］潘虹.基于机场轨道交通的机场巴士线路优化调整研究［J］.交通与运输，2012，27（12）：106-110.

［39］Kalyanmoy Deb, Partha Chakroborty. Time Scheduling of Transit Systems With Transfer Considerations Using Genetic Algorithms ［J］. Evolutionary Computation. 1998, 6（1）：1-24.

［40］J David Innes, Donald H Doucet. Effects of Access Distance and Level of Service on Airport Choice ［J］. Journal of Transportation Engineering, 1990, 116（4）：507-516.

［41］Alexandersson G, Hulten S, Folster S. The effects of competition in Swedish local bus services ［J］. Journal of transport economics and policy., 1998, 32：203-214.

［42］吕燕杰，赵宇，蔡鸿明.公交智能调度中行车时刻表编排算法研究［J］.微型电脑应用，2009，25（11）：1-3.

［43］陈玲玲，苏勇.改进遗传算法在公交车优化调度中的应用［J］.科学技术与工程，2009，9（12）：3567-3569.

［44］司徒炳强.公交网络时刻表编制的理论建模及可靠性控制方法研究［D］.华南理工大学，2011.

［45］Salicrú M, Fleurent C, Armengol J M. Timetable-based operation in urban transport：Run-timeoptimisation and improvements in the operating process ［J］. Transportation Research Part A：Policy and Practice, 2011, 45（8），721-740.

［46］Shigihara I, Arai A, Saitou O, et al. A Dynamic Bus Guide Based on Real-Time Bus Locations-A Demonstration Plan ［C］// Network-Based Information Systems（NBiS），2013 16th International Conference on. IEEE Computer Society, 2013.

［47］美国联邦航空管理局. 机场系统规划过程［R］. 2006.

［48］Nesset E, Helgesen, Oyvind. Effects of switching costs on customer attitude loyalty to an airport in a multi－airport region［J］. Transportation Research Part A－Policy and Practice, 2011, 2（16）: 240-253.

［49］Lian, Jon Inge, Ronnevik, Joachim. Airport competition－Regional airports losing ground to main airports［J］. Journal of Transport Geography, 2011, 19（1）: 85-92.

［50］陆婧, 杨忠振, 王文娣. 市场培养期内机场长途巴士时刻表动态优化［J］. 管理科学学报, 2016（12）. 19（12）: 14-24.

［51］包丹文, 刘建荣, 顾佳羽. 机场巴士线网可靠性优化模型及算法设计［J］. 华南理工大学学报: 自然科学版, 2017, 45（8）: 84-91.

［52］杨智伟, 赵骞, 赵胜川. 基于人工免疫算法的公交车辆调度优化问题研究［J］. 武汉理工大学学报（交通科学与工程版）, 2009（5）: 1004-1007.

［53］Niu H, Zhou X. Optimizing urban rail timetable under time dependent demand and oversaturated conditions［J］. Transportation Research Part C－Emerging Technologies, 2013, 36: 212-230.

［54］牛晋财, 李茂青, 张雁鹏. 基于人工鱼群算法的列车运行调整方法研究［J］. 计算机工程与应用, 2019, 55（7）: 264-269.

［55］Pan W T. A new evolutionary computation approach: Fruit Fly Optimization Algorithm［C］. 2011Conference of Digital Technology and innovation Management Taipei, 2011.

［56］https: //baijiahao. baidu. com/s? id = 16544912560301280 69& wfr = spider&for = pc［DB/OL］.

［57］http: //www. bcia. com. cn/［DB/OL］.

［58］Kang L, Wu J, Sun H, et al. A case study on the coordination of last trains for the Beijing subway network［J］. Transportation Research Part B: Methodological, 2015, 72: 112-127.

［59］Henderson L F. On the fluid mechanics of human crowd motion［J］.

transportation research, 1974, 8（6）: 509-515.

［60］代宝乾, 汪彤. 地铁车站客流流动机理研究与应用［J］. 中国安全科学学报, 2011, 21（10）: 114-119.

［61］陶志祥, 张宁, 杜波. 城市轨道交通客流时空分析研究［J］. 城市公共交通, 2004（2）: 33-35.

［62］周淮, 王如路. 上海轨道交通运营客流简析［J］. 地下工程与隧道, 2005（4）: 1-9+63.

［63］徐良杰, 李兆康, 王淑琴. 城市铁路客运站交通衔接评价方法与模型［J］. 武汉理工大学学报, 2008（8）: 105-108.

［64］王梦. 大型客运站城市交通客流到达分布模型与方法研究［D］. 北京交通大学, 2010.

［65］劳春江, 刘国贵. 慢行交通衔接轨道交通换乘时间分析［J］. 山西建筑, 2014, 40（1）: 13-14.

［66］韩筱璞, 汪秉宏, 周涛. 人类行为动力学研究［J］. 复杂系统与复杂性科学, 2010, 7（2）: 132-144.

［67］Matthews L. Forecasting peak passenger flows at airports［J］. Transportation, 1995, 22（1）: 55-72.

［68］黎晴, 陈小鸿. 机场陆侧交通问题的研究［J］. 华东公路, 2005（5）: 35-41.

［69］聂磊, 高艺, 佘亮. 首都机场快线客运需求预测与运营方式研究［J］. 交通运输系统工程与信息, 2009, 9（4）: 151-158.

［70］Brunetta L, Righi L, Andreatta G. An Operations Research Model for the Evaluation of an Airport Terminal: SLAM（Simple Landside Aggregate Model［J］. Journal of Air Transport Management, 2013, 5（3）: 161-175.

［71］官盛飞. 虹桥机场旅客特性调查分析［C］. 上海空港（第20辑）. 2015: 7.

［72］邢志伟, 冯文星, 罗谦, 李学哲, 白楠, 潘野, 李定亮. 基于航班离港时刻主导的单航班离港旅客聚集模型［J］. 电子科技大学学报, 2015, 44（5）: 719-724.

［73］ Vansteenwegen P, Oudheusden D V. Decreasing the passenger waiting time for an intercity rail network ［J］. Transportation Research Part B: Methodological, 2007, 41 (4): 478-492.

［74］ Karl Nachtigall, Stefan Voget. A genetic algorithm approach to periodic railway synchronization ［J］. Computers & Operations Research, 1996, 23 (5): 453-463.

［75］ Cordone R, Redaelli F. Optimizing the demand captured by a railway system with a regular timetable ［J］. Transportation Research Part B: Methodological, 2011, 45 (2): 430-446.

［76］ Canca D, Barrena E, Algaba, Encarnación, et al. Design and analysis of demand-adapted railway timetables ［J］. Journal of Advanced Transportation, 2014, 48 (2): 119-137.

［77］ Chowdhury S M, Chien S I-Jy. Intermodal Transit System Coordination. Transportation Planning and Technology ［J］, 2002, 25 (4): 257-287.

［78］ Zhou X S, Zhong M. Bicriteria train scheduling for high-speed passenger railroad planning applications ［J］. European Journal of Operational Research, 2005, 167 (3), 752-771.

［79］ 刘文驰, 张建同. 考虑车辆到站可靠性的城市公交服务时刻表设计 ［J］. 上海管理科学, 2012, 34 (3): 110-113.

［80］ Dotoli M, Sciancalepore F, Epicoco N, et al. A periodic event scheduling approach for offline timetable optimization of regional railways ［C］ // IEEE International Conference on Networking, Sensing and Contral. IEEE, 2013: 849-854.

［81］ Chen Q. Global Optimization for Bus Line Timetable Setting Problem ［J］. Discrete Dynamics in Nature and Society, 2014, 2014 (1): 1-9.

［82］ Pattnaik S B. Urban Bus Transit Route Network Design Using Genetic Algorithm ［J］. Journal of Transportation Engineering, 1998, 124 (4): 368-375.

［83］Fosgerau M. The marginal social cost of headway for a scheduled service ［J］. Transportation research, 2009, 43 （8-9）：813-820.

［84］朱宇婷, 毛保华, 史芮嘉, 戎亚萍, 赵欣苗. 考虑乘客出发时刻的城市轨道列车时刻表优化 ［J］. 铁道学报, 2016, 38 （5）：1-10.

［85］张思林, 袁振洲, 曹志超. 考虑容量限制的多公交车型运行计划优化模型 ［J］. 交通运输系统工程与信息, 2017, 17 （1）：150-156.

［86］冯鑫, 夏洪山, 冯月贵. 基于最小成本的航班时刻表优化设计与系统实现 ［J］. 计算机与现代化, 2017 （1）：106-110.

［87］Ghoseiri K, Szidarovszky F, Asgharpour M J. A multi-objective train scheduling model and solution ［J］. Transportation Research, Part B （Methodological）, 2004, 38 （10）：0-952.

［88］许旺土, 何世伟, 宋瑞, 张薇. 整合运营下的轨道交通发车间隔及票价模型 ［J］. 系统工程学报, 2011, 26 （3）：330-339.

［89］Yang X, Ning B, Li X, et al. A Two－Objective Timetable Optimization Model in Subway Systems ［J］. IEEE Transactions on Intelligent Transportation Systems, 15 （5）：1913-1921.

［90］Yin J, Tang T, Yang L, et al. Energy－efficient metro train rescheduling with uncertain time－variant passenger demands：An approximate dynamic programming approach ［J］. Transportation Research Part B：Methodological, 2016, 91：178-210.

［91］Kang L, Wu J, Sun H, et al. A case study on the coordination of last trains for the Beijing subway network ［J］. Transportation Research Part B：Methodological, 2015, 72：112-127.

［92］"十四五"民航绿色发展专项规划 . pdf

［93］中国民用航空局 . 2022 年民航行业发展统计公报 ［Z］. 2022.

［94］2022 年全国民航航班运行效率报告 . pdf

［95］冯程 . 机场场面运行优化及容量评估技术研究 ［D］. 南京航空航天大学, 2013.

［96］丁建立, 李晓丽, 李全福 . 基于改进蚁群协同算法的枢纽机场

场面滑行道优化调度模型［J］．计算机应用，2010，30（4）：1000-1007.

［97］陈浩．机场航空器滑行路径优化技术研究［D］．南京航空航天大学，2015.

［98］孟金双．面向机场协同决策的航班滑出时间预测［D］．中国民航大学，2016.

［99］徐磊．航班滑行路径和推出时刻优化研究［D］．南京航空航天大学，2020.

［100］黄佳艳．基于花朵授粉优化算法的车辆路径问题研究［D］．江苏科技大学，2020.

［101］何庶，卢朝阳，王颜颜，王大山．侧向跑道机场滑行路径优化［J］．科学技术与工程，2021，21（20）：8695-8701.

［102］李志龙．基于冲突热点的航空器场面滑行路径优化算法［D］．四川大学，2021.

［103］翟文鹏，刘润南，朱承元．基于改进 Dijkstra 算法的滑行路径优化［J］．中国民航大学学报，2022，40（1）：1-6.

［104］钱信，吕成伊，宋世杰．基于优化 Q-learning 算法的机器人路径规划［J］．南昌大学学报（工科版），2022，44（4）：396-401.

［105］刘海鹏，念紫帅．一种改进蚁群算法的路径规划研究［J］．小型微型计算机系统，2024，4：853-858.

［106］Pesic B, Durand N, Alliot J M. Aircraft Ground Traffic Optimisation using a Genetic Algorithm［J］. Morgan Kaufmann Publishers Inc. 2001.

［107］Gotteland J B, Durand N. Genetic algorithms applied to airport ground traffic optimization［C］// Congress on Evolutionary Computation. IEEE, 2003.

［108］Ángel G Marín. Airport management：taxi planning.［J］. Annals OR, 2006, 143（1）：191-202.

［109］Roling P C, Visser H G. Optimal Airport Surface Traffic Planning

Using Mixed – Integer Linear Programming ［J］. International Journal of Aerospace Engineering, 2008, 2008 (1).

［110］Lesire C. An Iterative A ＊ Algorithm for Planning of Airport Ground Movements ［C］//Conference on Ecai: European Conference on Artificial Intelligence. IOS Press, 2010.

［111］Liu Changyou, Y Wang. Aircraft Taxi Path Optimization Based on Ant Colony Algorithm. Fourth International Symposium on Computational Intelligence & Design IEEE Computer Society, 2011.

［112］Ding Jianli, Y Zhang. A Discrete Particle Swarm Optimization Algorithm for Gate and Runway Combinatorial Optimization Problem ［J］. Research Journal of Applied Sciences Engineering & Technology, 2013, 5 (10): 1842-1856.

［113］Godbole Pushkar J, A G Ranade, R S Pant. Branch–and–Bound Global – Search Algorithm for Aircraft Ground Movement Optimization ［J］. Journal of Aerospace Computing Information & Communication, 2017, 14 (6): 1-11.

［114］Basset Mohamed Abdel, et al. Modified Flower Pollination Algorithm for Global Optimization. 2021.

［115］Xiang Z, Sun H, Zhang J. Application of Improved Q – Learning Algorithm in Dynamic Path Planning for Aircraft at Airports ［J］. IEEE Access, 2023, 11: 107892-107905.

［116］Valérie Guihaire, Jin – Kao Hao. Transit network design and scheduling: A global review ［J］. Transportation Research Part A, 2008, 42 (10): 1251-1273.

［117］Huimin Niu, Xuesong Zhou. Optimizing urban rail timetable under time – dependent demand and oversaturated conditions ［J］. Transportation Research Part C: Emerging Technologies, 2013, 36 (0): 212-230.

［118］Huiling Fu, Lei Nie. A hierarchical line planning approach for a large – scale high speed rail network: The China case ［J］. Transportation

Research Part A, 2015, 7561-83.

[119] James C Chu, Kanticha Korsesthakarn, Yu-Ting Hsu, Hua-Yen Wu. Models and a solution algorithm for planning transfersynchronization of bus timetables [J]. Transportation Research Part E, 2019, 247-266.

[120] Eman A, Heba K. Path Planning Algorithm for Unmanned Ground Vehicles (UGVs) in Known Static Environments [J]. Procedia Computer Science, 2020, 177: 57-63.

[121] Li Dongdong, et al. Research on path planning of mobile robot based on improved genetic algorithm [J]. International Journal of Modeling, Simulation, and Scientific Computing, 2023, 14 (6).

[122] 吴小文, 李擎. 果蝇算法和5种群智能算法的寻优性能研究 [J]. 火力与指挥控制, 2013 (4): 17-20, 25.

[123] 鹿金炜. 基于航班信息的机场快轨客流特征分析与运行图优化研究 [D]. 北京交通大学, 2019.